编程初体验
思维启蒙

张梦晗　吴 培　编著
梦堡文化　绘

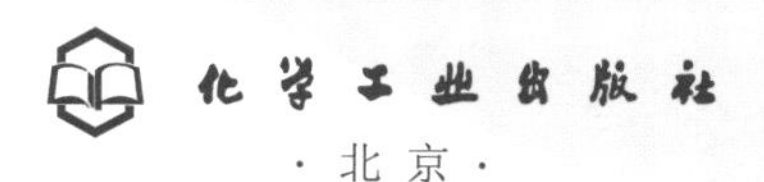

·北京·

内容简介

从学生的认知能力、思维能力提升的刚性需求出发，融合中国传统文化，结合有趣的漫画故事，引入编程思想，特出版系列图书：《编程初体验：思维启蒙》《编程轻松学：ScratchJr》《编程趣味学：Scratch3.0》和《编程创新应用：从创客到人工智能》。每本书内容自成体系，相对独立，之间又有内在联系，层次分明，内容形式新颖，能够激发学生的逻辑思维和创新思维，从而提升各学科的学习能力。

《编程初体验：思维启蒙》分为上、下两篇，分别是：认识计算机、Python初体验。全书以漫画人物美美、聪聪及宠物狗旺旺的对话展开，以浅显易懂的文字描述计算机及编程相关知识。其中，上篇包含13个大型知识点和6个不同形式的游戏；下篇则是以任务的形式向小读者一步一步讲解Python是什么、Python如何用。学完本书，将会对计算机和Python有全新的认识和理解，逻辑思维也将有质的提升。

本书适合启蒙阶段的孩子阅读学习，可帮助孩子认识计算机、认识Python编程语言。

图书在版编目（CIP）数据

编程初体验：思维启蒙 / 张梦晗，吴培编著；梦堡文化绘. —北京：化学工业出版社，2023.12

ISBN 978-7-122-44284-0

Ⅰ. ①编… Ⅱ. ①张… ②吴… ③梦… Ⅲ. ①程序设计-青少年读物 Ⅳ. ①TP311.1-49

中国国家版本馆CIP数据核字（2023）第189951号

责任编辑：曾　越　周　红　雷桐辉　王清颢　　装帧设计：梧桐影
责任校对：杜杏然

出版发行：化学工业出版社
（北京市东城区青年湖南街13号　邮政编码100011）
印　　装：北京宝隆世纪印刷有限公司
787mm×1092mm　1/16　印张5　字数72千字
2024年1月北京第1版第1次印刷

购书咨询：010-64518888　　售后服务：010-64518899
网　　址：http://www.cip.com.cn
凡购买本书，如有缺损质量问题，本社销售中心负责调换。

定　　价：59.80元

写给同学们的一封信

哲学家康德有句名言：“人为自然立法。”这句话的意思并非唯心地说人的意志主宰了自然，而是说人的理性智慧与自然形成“共振”，从而认识世界并掌握规律。人类对所掌握的规律进行排列组合，制造出各种生产工具和生活器具，最终对我们的生产生活产生巨大的影响。

我们对所掌握的规律进行排列组合从而达到某种目的的过程，其实就是“编程”。不论是炒菜做饭，还是操场上踢足球，其实都在大脑里发生着“编程”的过程：炒菜对应着开火、倒油、放菜、翻炒、放调料、出锅等环节和相应的时间、火候等；踢足球则对应着判断足球位置、跑动、摆腿、踢球等基本环节的排列组合。

今天，随着计算机技术的快速发展，我们可以利用编程让计算机控制各种执行机构帮助人们完成许多工作，特别是人工智能技术的突破使得机器人的能力大大提升，机器人将会在生产和生活中成为人类越来越重要的帮手。2017年7月，国务院发布的《新一代人工智能发展规划》明确提出“在中小学阶段设置人工智能相关课程，逐步推广编程教育，鼓励社会力量参与寓教于乐的编程教学软件、游戏的开发和推广”。掌握机器人的基础知识和编程的基本技能也成为当代青少年必要的素养，人工智能与编程学习风潮也正在我国大地上形成火热局面。

如何有效有序地学习编程，打好人工智能学习之路的基础，需要好玩有趣，容易上手，知识点讲解有层次清晰的任务和教学导入、教学总结的课程指导书，本系列图书也就应运而生。在本系列图书里，你将了解到编程概念，用漫画故事的形式学习算法概念，之后使用图形化编程工具和Python学习编程基础，最后再通过漫画科普故事的方式了解人工智能应用原理。通过这些工具的学习，你可以循序渐进地了解和掌握编程知识与技能，然后就可以通过程序与硬件的配合体验到物理世界和软件世界的有趣交互。

希望你好好吸收本系列图书的知识营养，在学习过程中勤于思考，尽情发挥你的创意，将你的灵感通过编程付诸实践，然后和全世界的小伙伴们进行探索、分享、创作！

独乐乐，与人乐乐，孰乐？不若与人；与少乐乐，与众乐乐，孰乐？不若与众。你，准备好了吗？让我们一起来吧！

2019年十大科学传播人物　陈征

2023年8月北京寄语

目录

☆ 登场人物 …… 6

上篇　认识计算机 …… 01

知识点 1　计算机与你想象的不同 …… 02

知识点 2　计算机如何“听懂”人类的语言 …… 05

知识点 3　称大象体重的几种方法 …… 07

知识点 4　认识一下新词汇“算法” …… 09

算法游戏　满足一定条件，完成游戏 …… 10

算法游戏　古诗词分类 …… 12

知识点 5　排序能有几种算法呢 …… 14

游戏　怎样查字典更快速 …… 21

知识点 6　二分检索 …… 22

游戏　帮外卖员找到订餐的人家 …… 23

知识点 7　线性检索 …… 24

知识点 8　学会绘制流程图 …… 25

知识点 9　流程图的符号和规则 …… 26

知识点 10　绘制流程图，需要了解 3 种基本结构 …… 27

知识点 11　算法的第 1 种构成：顺序结构 …… 28

知识点 12　算法的第 2 种构成：条件结构 …… 29

知识点 13　算法的第 3 种构成：循环结构 …… 30

游戏　修复流程图，处理 Bug …… 31

编程小游戏 …… 32

下篇　Python 初体验 33

Python 没有那么难 34

第 1 个任务　安装软件 36

第 2 个任务　看看 Python 可以做什么 41

第 3 个任务　编写第 1 行代码 42

第 4 个任务　比较两个数字的大小 47

第 5 个任务　多重分支结构的流程图和程序 52

第 6 个任务　了解模块库 58

第 7 个任务　自己创建函数 62

第 8 个任务　认识一下列表 67

第 9 个任务　使用索引和随机函数 69

第 10 个任务　循环结构 72

登场人物

姓名：美美

年龄：7岁

家里的“十万个为什么”，喜欢追着哥哥问各种问题，以前喜欢玩手机游戏，现在她更喜欢向哥哥学习如何自己编写游戏啦！

姓名：聪聪

年龄：12岁

编程小达人，机器人爱好者，喜欢编写各种程序控制他的智能机器人和无人机，参加过很多比赛。

姓名：旺旺

年龄：1岁

喜欢骨头，喜欢玩耍，喜欢看美美和聪聪在玩什么，要跟着一起玩！

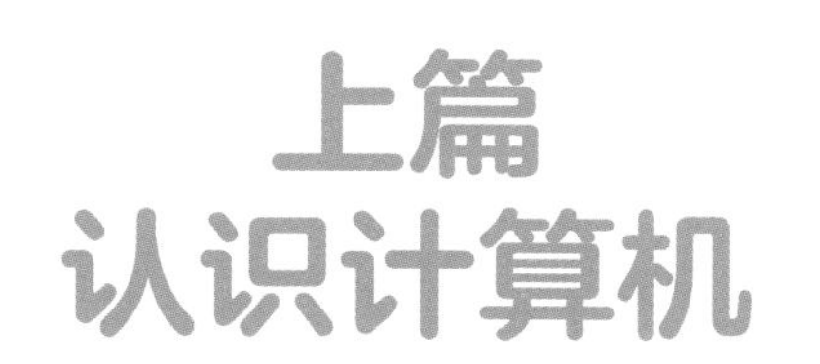

作者：张梦晗

知识点1 计算机与你想象的不同

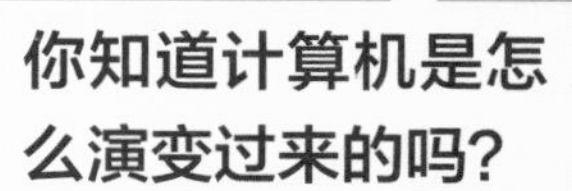

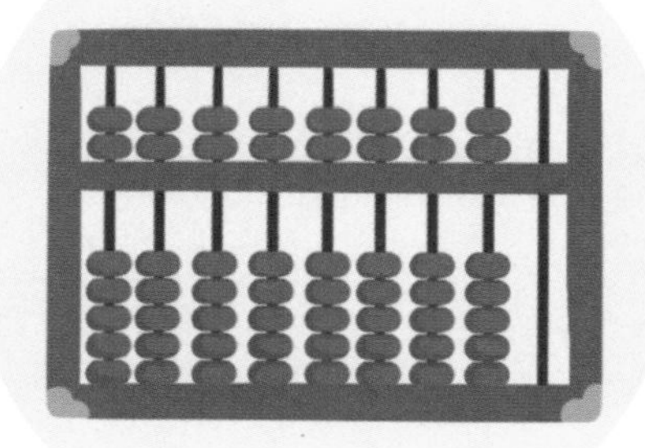

历史悠久的珠算

珠算好比手动计算机，用来加减数字，计算的数字越多，需要的时间就越长。

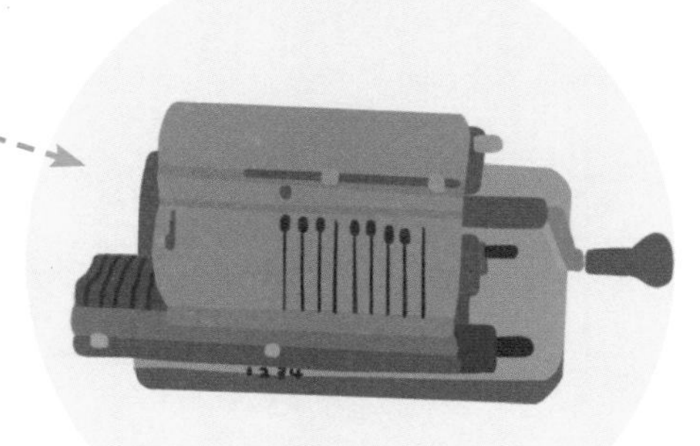

机械计算机

进行乘法和除法运算，可用于发射导弹定位等军事用途。机械计算机在20世纪70年代逐渐被替代，到20世纪80年代就不再使用了。

计算速度需要更快

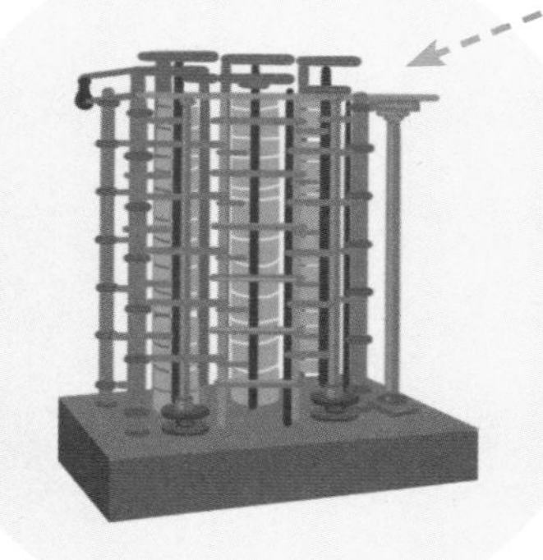

电子数字计算机（真空管计算机）

计算速度需要更快，体积更小

ENIAC是世界上第一台电子数字计算机，能解决各种计算问题，但体积非常庞大，需要占用170平方米的面积。ENIAC的总工程师埃克特在当时年仅24岁。

“天河二号”

“天河二号”是中国研发的超级计算机系统，以峰值计算速度5.49亿亿次每秒、持续计算速度3.39亿亿次每秒双精度浮点运算的优异性能，成为2013年全球最快的超级计算机。

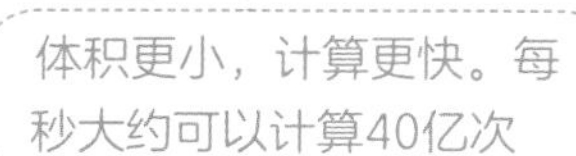

晶体管计算机

1956年，美国贝尔实验室制成了世界上第一台全晶体管计算机Lepreachaun。比玻璃制成的易碎的真空管计算机价格更便宜，寿命更长，体积更小。

现代计算机

CPU的发明推动了现代计算机发展。

CPU是计算机的“大脑”，它处理数据，指挥着计算机内的信息流，如果没有CPU，计算机各个部件之间就无法进行信息流通，也无法正常工作。

存储器就是我们常说的内存和硬盘，是存放数据的地方，输入输出模块只是数据的“搬运工”。

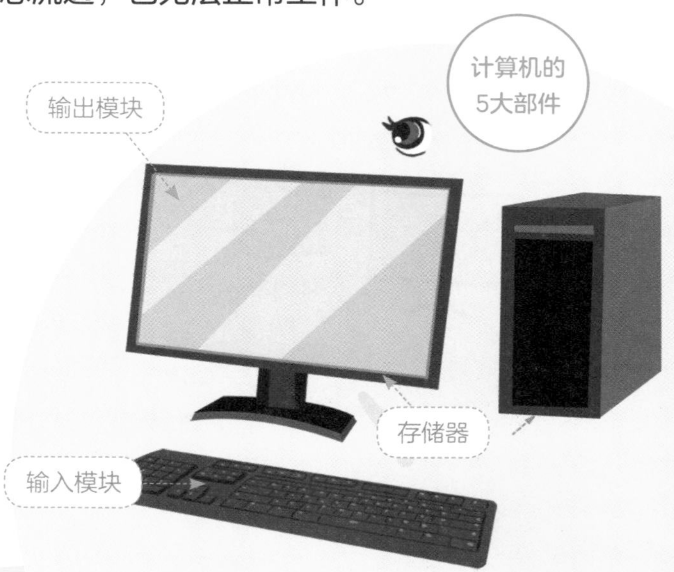

身边各种编程应用下的计算机

未来的计算机

未来的计算机将会变得计算速度更快、体积更小。它可以与我们进行高效的沟通，可以讨论新闻，还可以照顾病人、帮人类烹饪美食等。

知识点2 计算机如何“听懂”人类的语言

人类日常生活中通常使用十进制

聪聪 我们常用的数字规律就是1、2、3……直到10后就进1，继续往下数就是11、12、13……这就是十进制。

美美 那计算机呢?

电子计算机使用二进制语言

聪聪 计算机的运行都依赖于电路，而电路的逻辑值只有“0”和“1”两个状态，表示“关”和“开”，这种由“0”和“1”组成的代码，就是二进制。

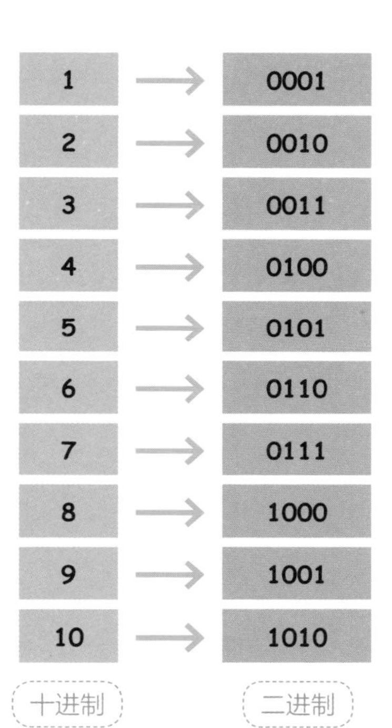

十进制		二进制
1	→	0001
2	→	0010
3	→	0011
4	→	0100
5	→	0101
6	→	0110
7	→	0111
8	→	1000
9	→	1001
10	→	1010

美美 二进制怎么进呀?

聪聪 二进制代码是逢“2”进“1”，因为二进制的数字语言只有“0”和“1”，所以二进制的“2”就是“10”，“3”就是“11”，而“4”就是“100”。

其实和计算机交流并不可怕，它们只是在说另外一门“外语”——计算机语言。

怎么转换呀？

思维泡泡

计算机只能“听懂”二进制语言。我们需要通过程序将任务转换成二进制语言告诉计算机，它才会理解我们的要求。

- 十进制转二进制的方法

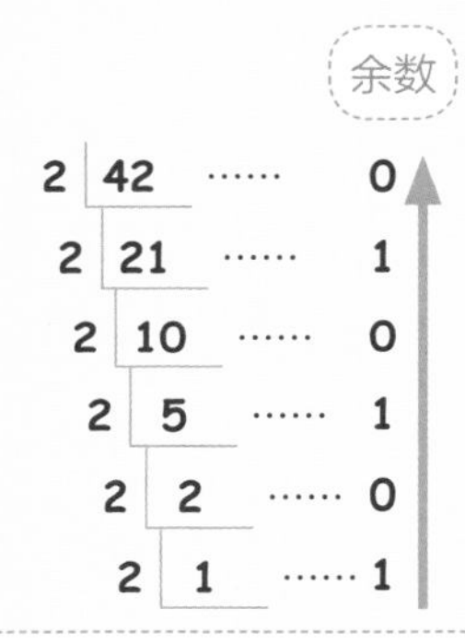

将余数从下向上进行排列，就可以得到十进制数“42”转化为二进制的数字“101010”。

- 二进制转十进制的方法

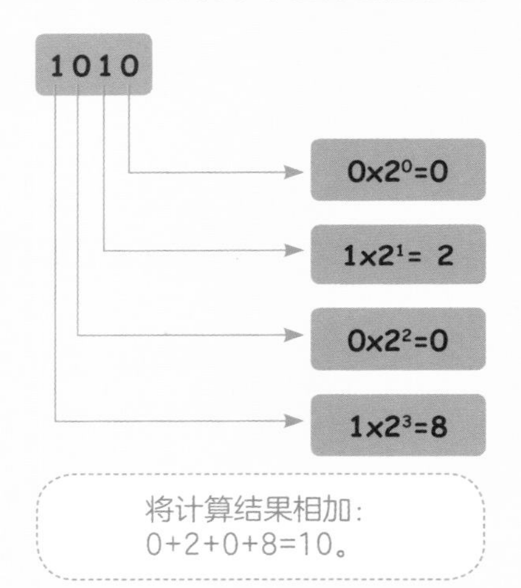

将计算结果相加：0+2+0+8=10。

二进制“1010”＝十进制“10”

今天的计算机让人类的工作和生活越来越方便。使用导航软件时，我们既不需要了解它是如何进行路线优化的，也不需要了解导航软件的代码是如何编写的，只需简单点几下按键就可以获得最优的路线。

学习编程的目的是培养编程思维。编程的过程中，我们也无须考虑每一行指令是如何转换成二进制指令，让计算机理解的。

知识点3 称大象体重的几种方法

有一次，孙权送给曹操一头大象，曹操十分高兴。大象运到许昌的那天，曹操带领着文武百官和小儿子曹冲，一同去看。

大家都没有见过大象。曹操对大家说：“这头大象真大啊，可是到底有多重呢？你们谁有办法称一称？”

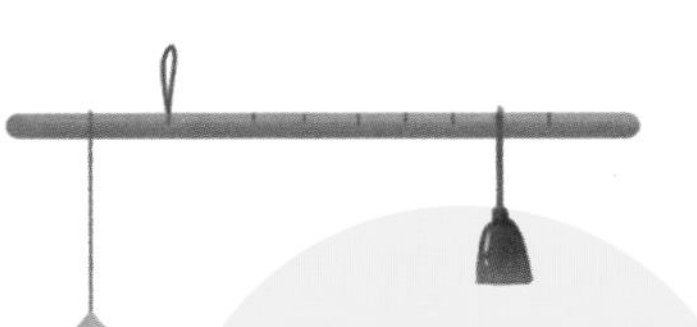

大臣A的方法：
造一杆超大的秤来称。

大臣B的方法：
把大象宰了，切成块儿，然后称。

曹冲的方法：
把大象牵上大船，标记大船吃水线；把大象牵下船，再给空船装入一块块石头，当到达吃水线时，再测量石头总重量。

实现目标：
称出大象体重。

大臣A的方法存在的问题

需要找一棵足够大的树，否则无法制造这样的一杆大秤。

大臣B的方法存在的问题

虽然能完成称重，但是大象会死。

曹冲的方法存在的问题

成年大象约4吨重，士兵每次搬25千克石头，需要搬大约160次，耗费时间和人力。

曹冲的方法详解

把大象牵到船上，等船身稳定了，在船舷上齐水面的地方，刻下一条线。再叫人把象牵到岸上。把大大小小的石头，一块一块地往船上装，船身就一点儿一点儿往下沉。等船身沉到刚才刻的那条线和水面重合时，曹冲就叫人停止装石头。把船上的石头都称一下，重量加起来，就知道大象有多重了。

你还有更好的方法吗?

交警的方法：

高速公路交通警察使用超载检测地磅称大象。

飞行员的方法：

利用直升机把大象吊起来，看直升机的负重。

你还能想到更多方法吗?

聪聪 解决一个问题时，我们会有不同的方法，这些方法由一系列的步骤组成。我们将这些由一系列步骤组成的“方法”叫作算法。

编程：

我们通过计算机解决问题的步骤或过程，就是编程。

知识点4 认识一下新词汇“算法”

算法：

解决问题的方法就是算法。在实际应用中，算法比困难多。所以“算法”有很多种，但一定有最合适的一种。

我们再从日常生活中，找一找解决问题的方法的例子吧。

如爸爸泡茶喝的步骤有：选择想喝的茶叶→烧壶开水→将茶叶放到杯子里→将开水倒入杯中→浸泡至合适的时间→开始品茶。

再比如，你和妈妈要去探望在外地居住的外公、外婆，需要考虑的问题有：选择什么交通工具，汽车、高铁还是飞机？选择这种交通工具的优点是什么？乘坐过程中需要做哪些准备？制定出行方案就是算法。

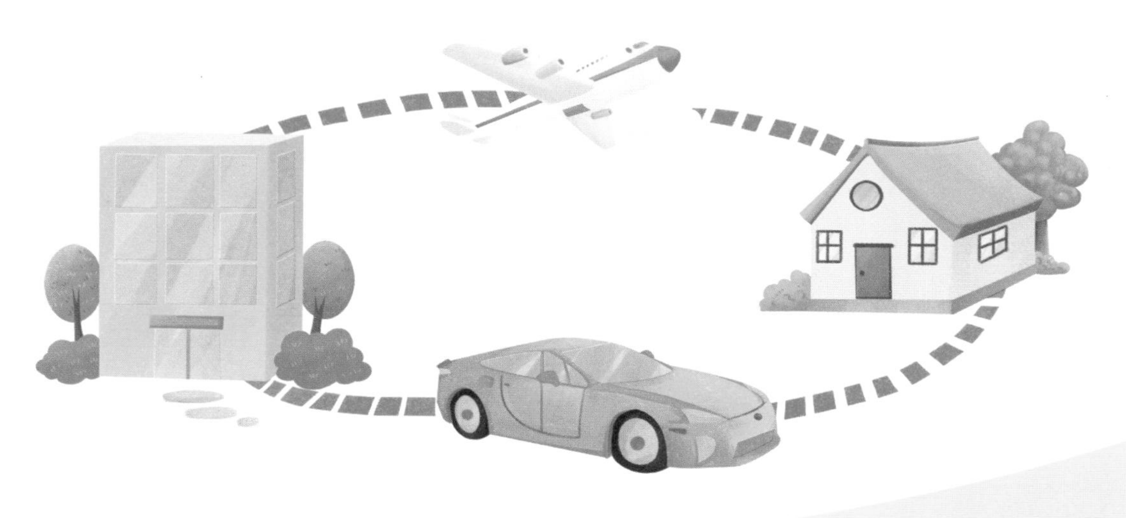

算法游戏
满足一定条件，完成游戏

游戏：汉诺塔游戏

汉诺塔（又称河内塔）是起源于印度的一个古老的益智玩具。可以请家长和你一起制作汉诺塔，来玩一玩有趣的算法游戏。

游戏规则：

1 每次只能移动一个圆环。

2 小的圆环只能叠在大的圆环上面。

3 把左边的圆环全部移到右边的柱子上。

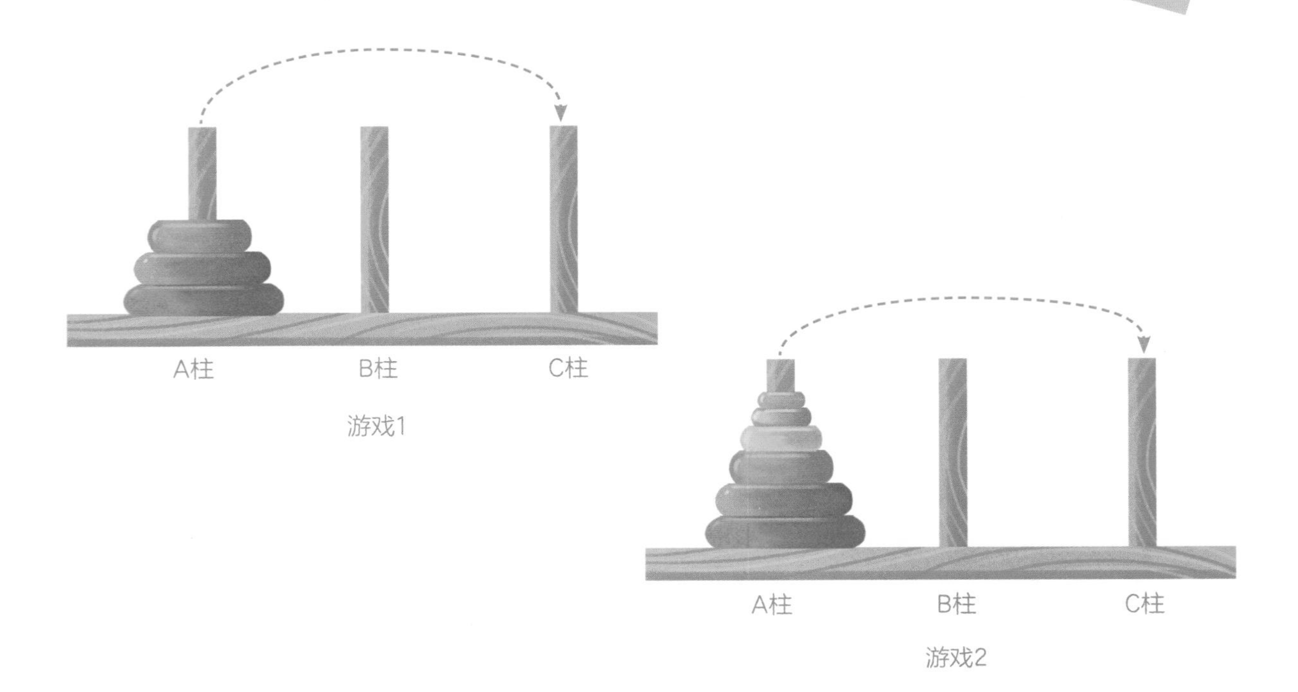

动手试一试

从家里找出3本不同尺寸大小的书，按下图步骤练习下吧。

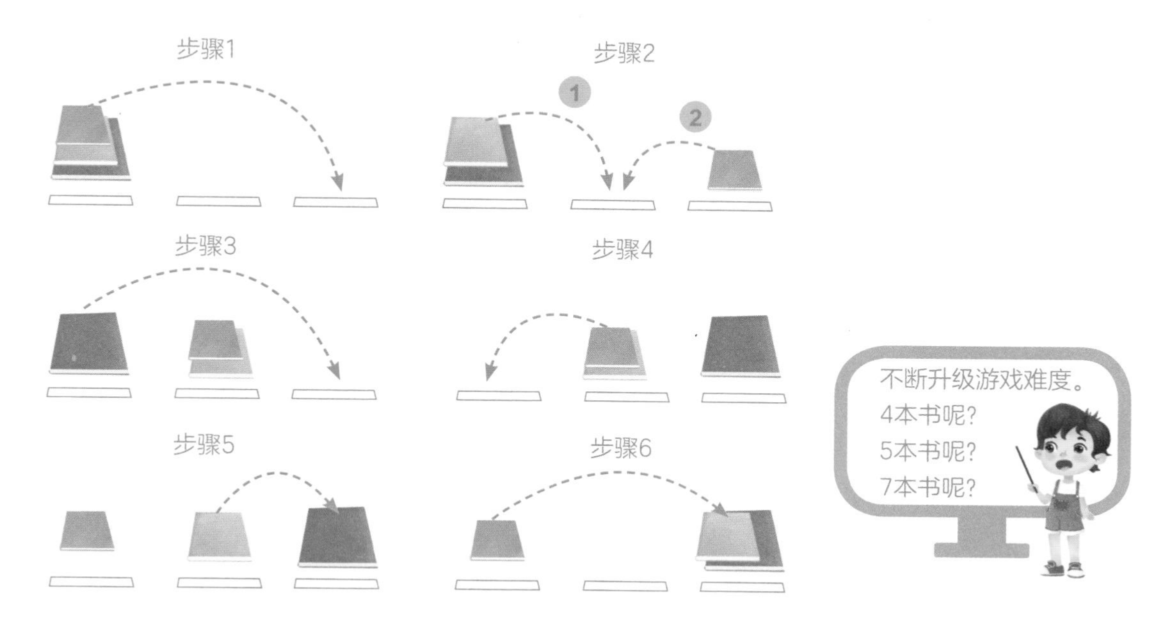

游戏：用最短的时间烙饼

妈妈在烙饼，锅里仅能放2张饼，烙好1张饼需要2分钟，其中烙正、反面各用1分钟，锅里最多同时放2张饼，那么烙3张饼最少需要几分钟呢?

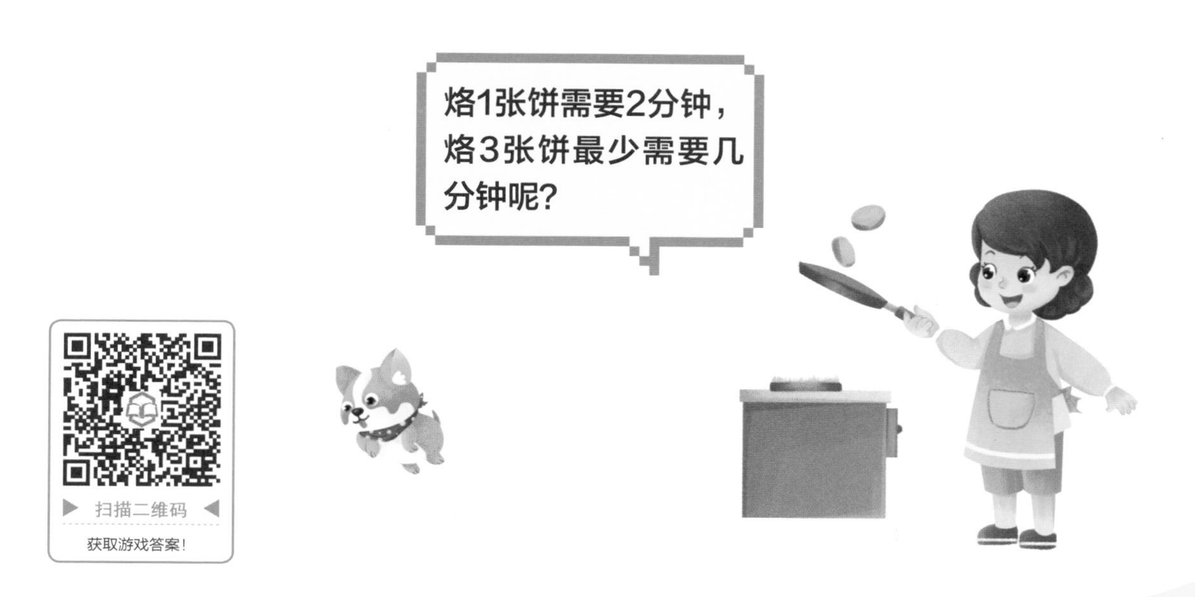

算法游戏　古诗词分类

计算机非常喜欢分类哦！数据类别分得越精准，计算的结果就越准确。

中国古代的诗词、诗歌可以分为四言、五言、七言等。现在，请你按照一定的规则，把下列诗句进行分类。

1. 松下问童子，言师采药去。只在此山中，云深不知处。
2. 衣不如新，人不如故。
3. 东临碣石，以观沧海。水何澹澹，山岛竦峙。
4. 故人西辞黄鹤楼，烟花三月下扬州。
5. 两个黄鹂鸣翠柳，一行白鹭上青天。
6. 求之不得，寤寐思服。悠哉悠哉，辗转反侧。
7. 秦时明月汉时关，万里长征人未还。
8. 迟日江山丽，春风花草香。泥融飞燕子，沙暖睡鸳鸯。

9 床前明月光，疑是地上霜。
举头望明月，低头思故乡。

10 风急天高猿啸哀，
渚清沙白鸟飞回。

11 清明时节雨纷纷，
路上行人欲断魂。

12 春眠不觉晓，处处闻啼鸟。
夜来风雨声，花落知多少？

13 关关雎鸠，在河之洲。
窈窕淑女，君子好逑。

14 桃之夭夭，灼灼其华。
之子于归，宜其室家。

15 白日依山尽，黄河入海流。
欲穷千里目，更上一层楼。

四言

四言指由四个字的句子写成的诗歌，《诗经》是最典型的。但是东汉之后逐渐没落，写它的人很少了。

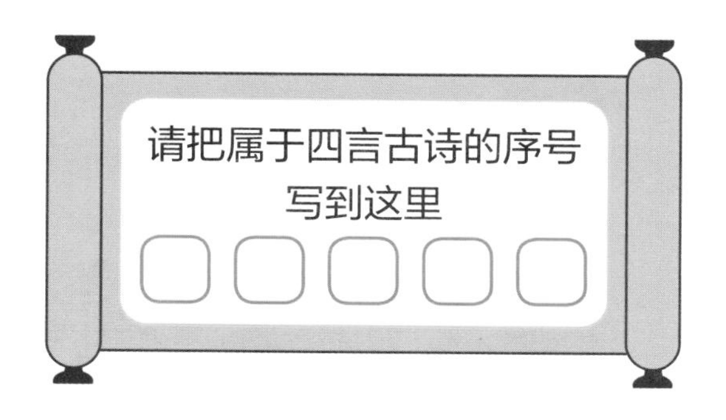

五言

五言指每句诗是五个字。

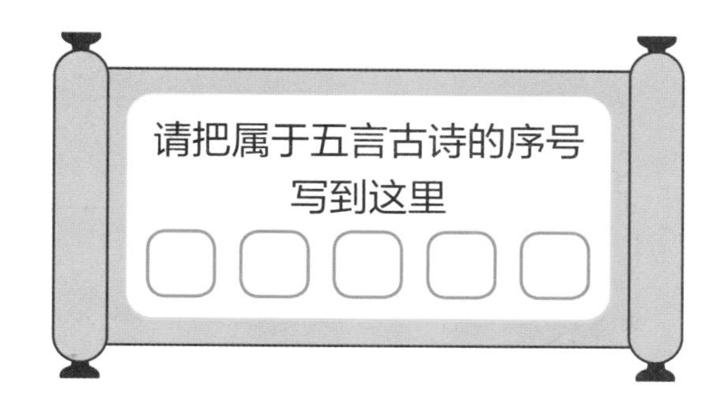

七言

七言包括七言律诗、七言绝句和七言古诗等，每句是七个字。

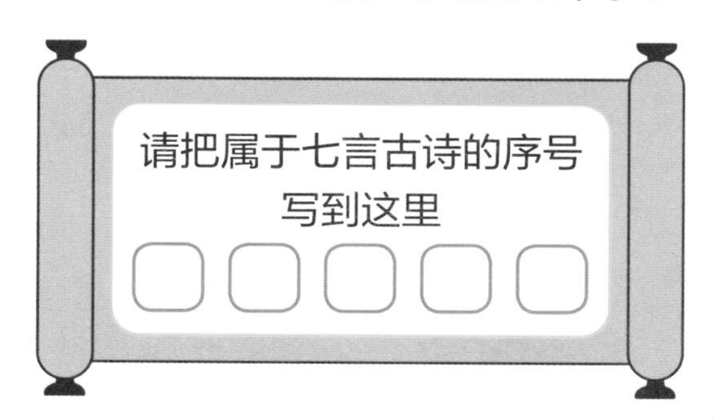

知识点5 排序能有几种算法呢

排序算法

全校各班级做体操排队时，按照身高从最矮到最高的规则排列站队，谁往前站谁往后站就是排序。这个比较的过程就是排序算法。

美美今天学习了历史朝代歌。

三皇五帝始，尧舜禹相传。夏商与西周，东周分两段。
春秋和战国，一统秦两汉。三分魏蜀吴，二晋前后延。
南北朝并立，隋唐五代传。宋元明清后，王朝至此完。

美美 老师让我们排列一下，哪个朝代统治的时间长，哪个朝代统治的时间短。这么多朝代，怎么排呢？

聪聪 我们可以模拟计算机的思考方式，来做几个排序的小游戏。常见排序算法有8种，我给你讲讲冒泡排序、选择排序、插入排序吧。

我可以把我的骨头按从大到小排序！

冒泡排序

冒泡排序类似于水中冒泡，较大的数沉下去，较小的数慢慢冒出来。假设从小到大，即较大的数慢慢往后排，较小的数慢慢往前排。

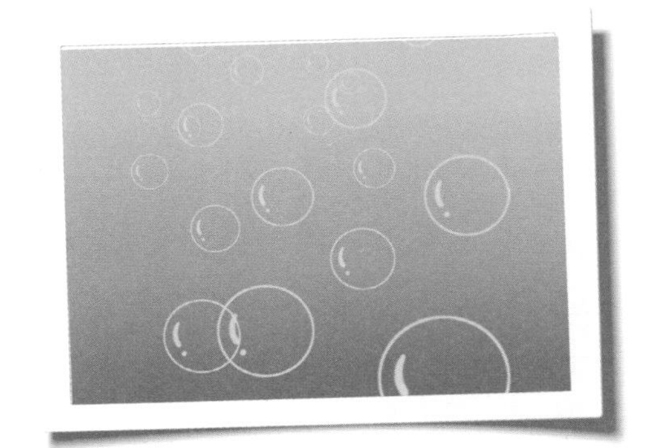

目的：
按照数字的大小顺序排列。

从第一个数开始，依次比较相邻的数字，如果后一个数字比它小，则两数字交换位置，如果遇到比它大的数，它就停止移动，大数往后继续比较并移动，直至最大的数移到最后，算完成了第一趟。

第1趟 比较步骤演示1

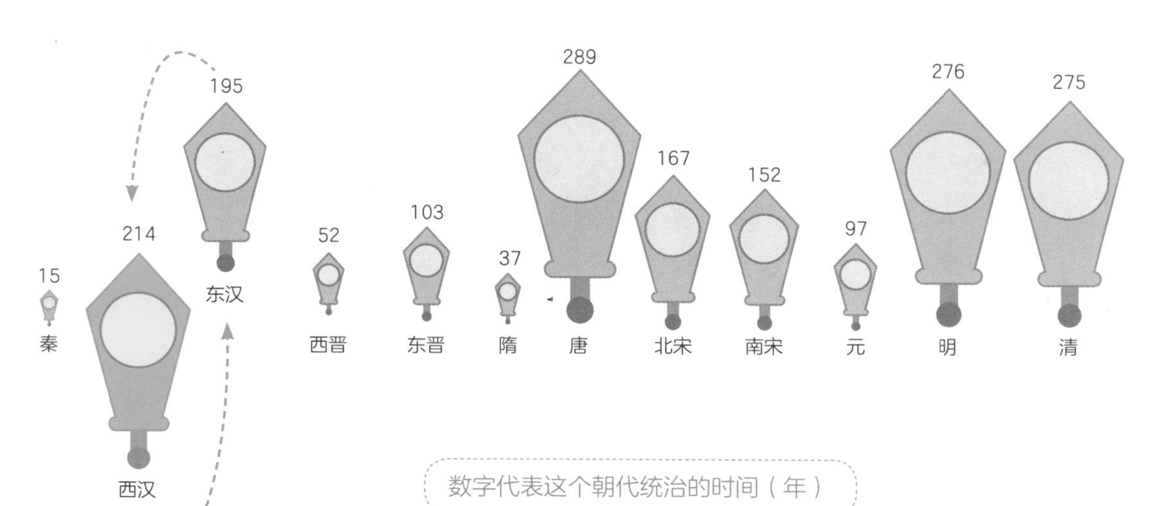

数字代表这个朝代统治的时间（年）

第1趟 比较步骤演示2

遇到比它大的数，它停止移动，大数往后继续比较。

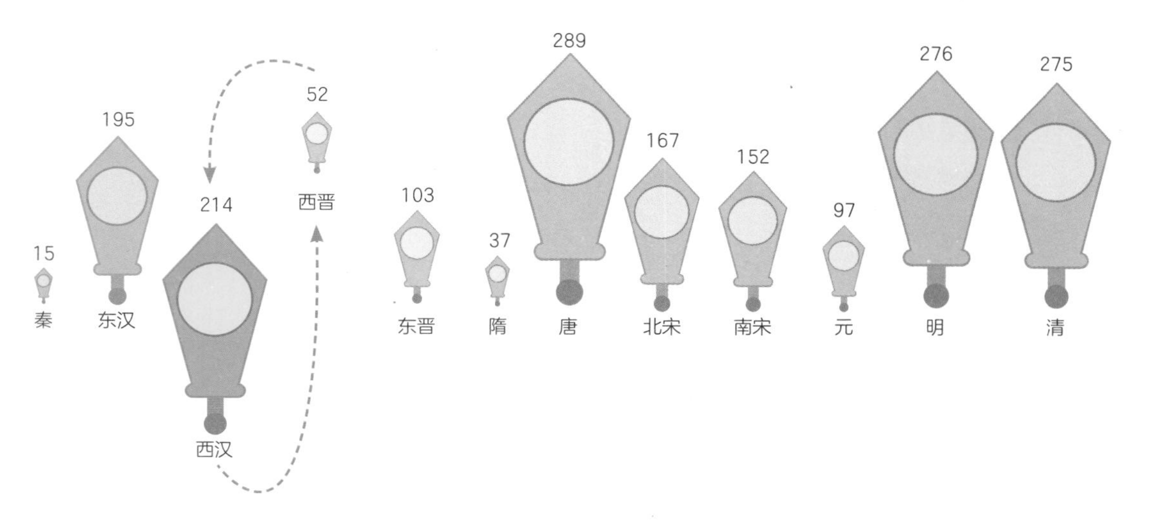

第1趟 比较步骤演示3

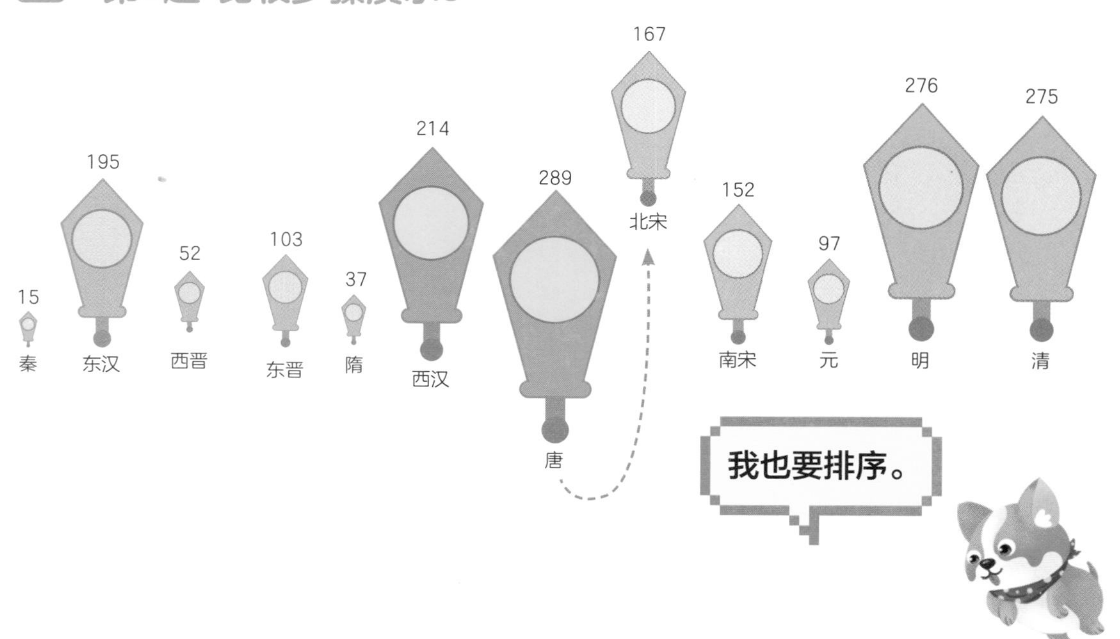

第1趟 比较步骤演示4

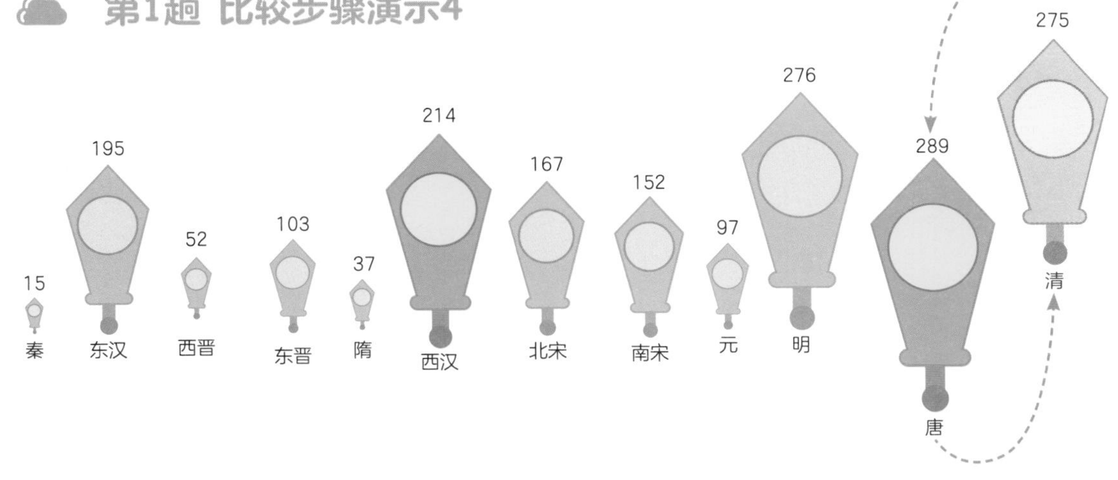

第2趟

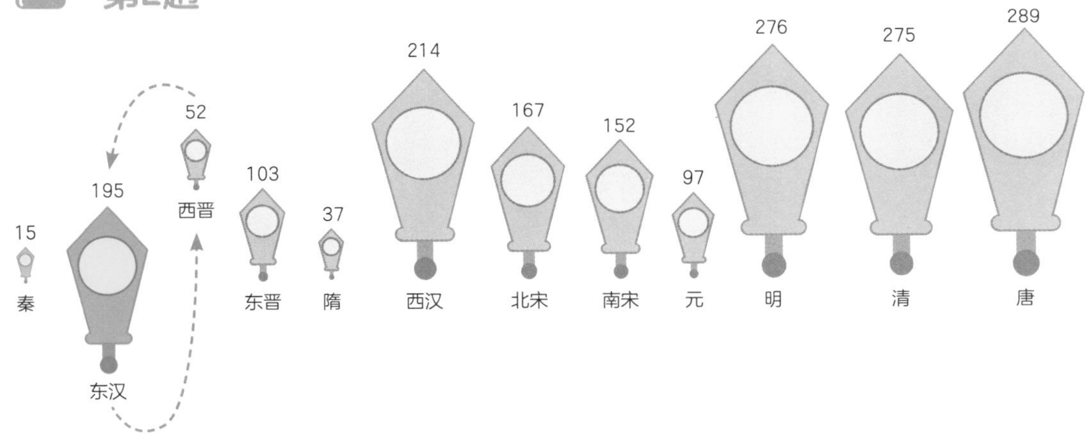

第2趟结果

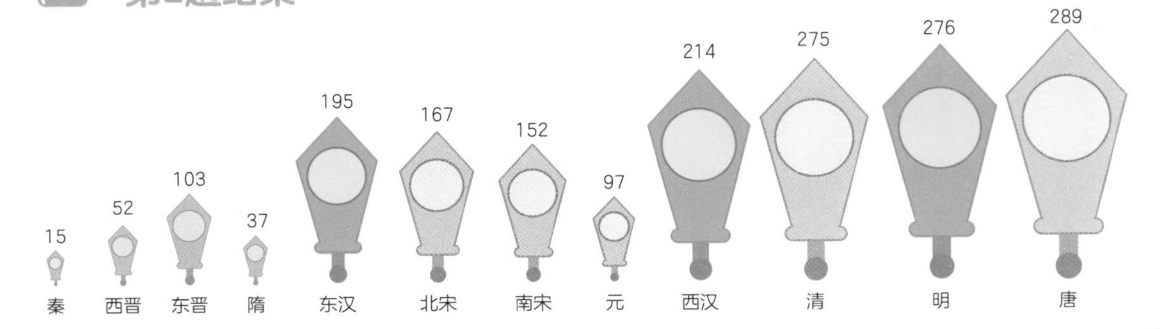

N趟后的结果

以此类推，第3趟、第4趟……重复以上步骤操作，相邻的两个数字依次比较大小，按照从小到大排序并确定位置。

思维泡泡

从大到小排序也是同样道理，请你动手试试哦！

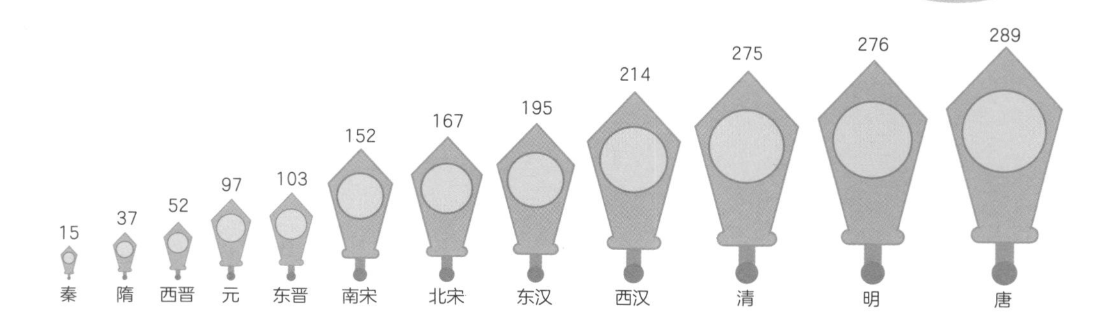

选择排序

选择最小的数与最前面第1个数进行交换，再选择第2小的数与前面第2个数交换。以此类推，完成多趟比较，进行交换后，实现从小到大排序。

目的：
按照数字从小到大的顺序排列。

第1步

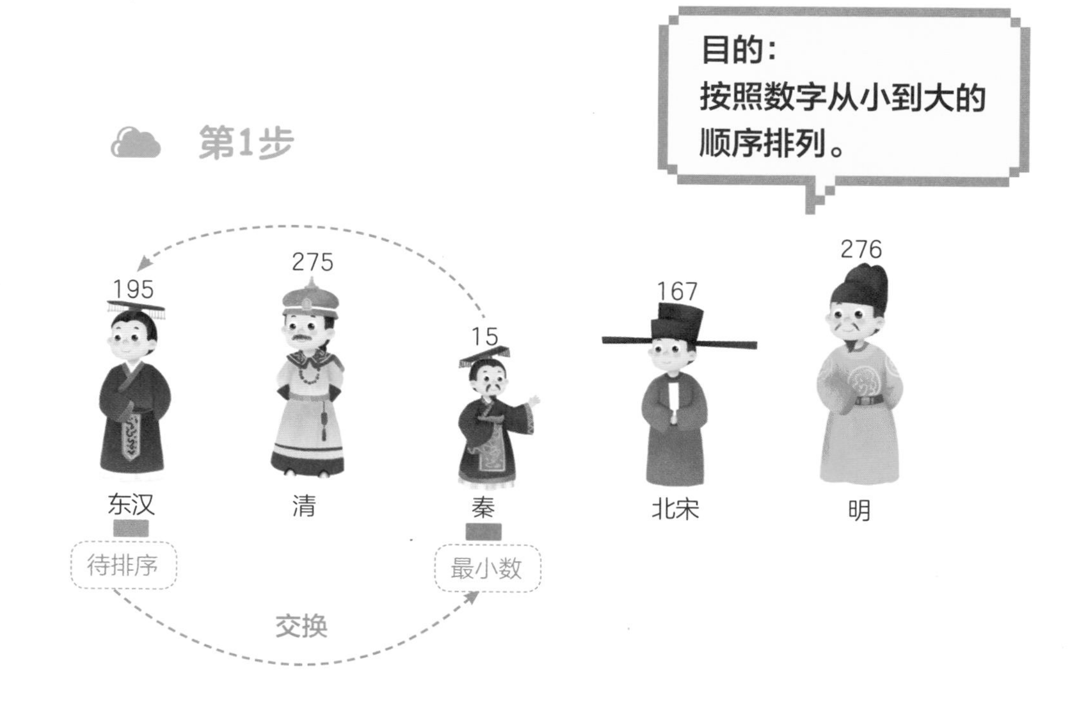

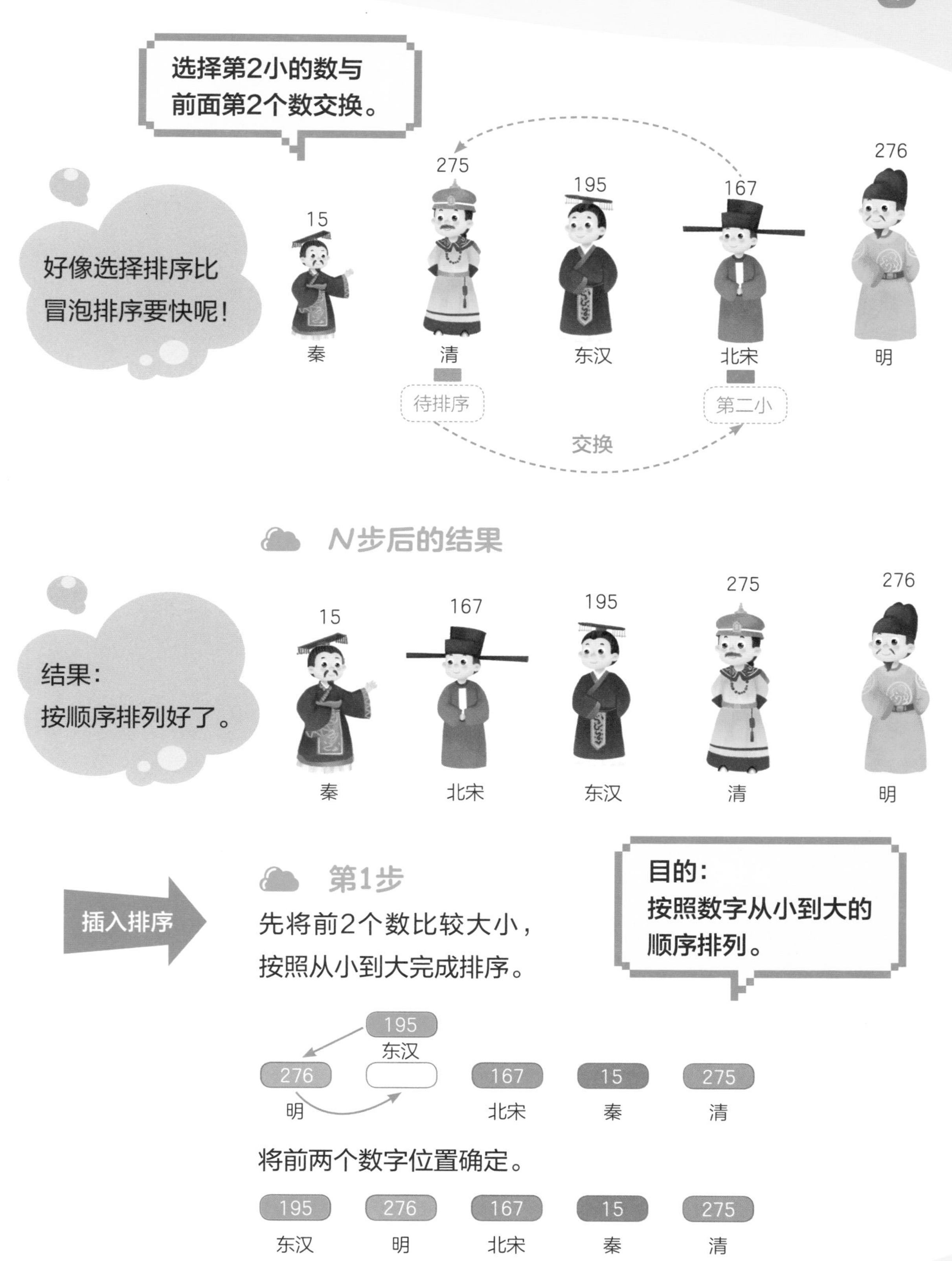
选择第2小的数与
前面第2个数交换。
好像选择排序比
冒泡排序要快呢!
15
秦
275
清
待排序
195
东汉
167
北宋
第二小
276
明
交换
N步后的结果
结果:
按顺序排列好了。
15
秦
167
北宋
195
东汉
275
清
276
明
插入排序
第1步
先将前2个数比较大小，
按照从小到大完成排序。
目的:
按照数字从小到大的
顺序排列。
195
东汉
276
明
167
北宋
15
秦
275
清
将前两个数字位置确定。
195
东汉
276
明
167
北宋
15
秦
275
清

第2步

将第3个数字与前面的数字比较，插入到比它大的数前面，比它小的数后面。第4个数以此类推比较，再插入到合适位置。

思维泡泡

哪种排序最快呢？

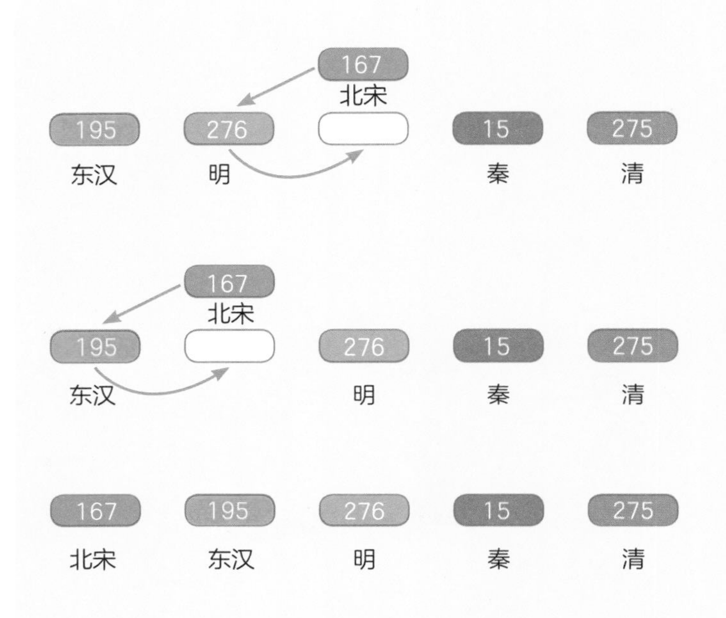

从前往后把数排序，逐一完成比较、插入。

N步后的结果

游戏 怎样查字典更快速

美美 学校组织查字典比赛了，怎么查才能更快呢？

第1步

在知道字的读音，不知道含义的情况下，我们用音序查字法，按照汉语拼音字母的顺序来查字。

按照chì的第一个字母“c”，直接把字典翻到“c”。

第2步

假如，你翻到了“测”，因为“ce”的“e”比“h”靠前，所以要从这一页往后翻，翻到“ch”。

第3步

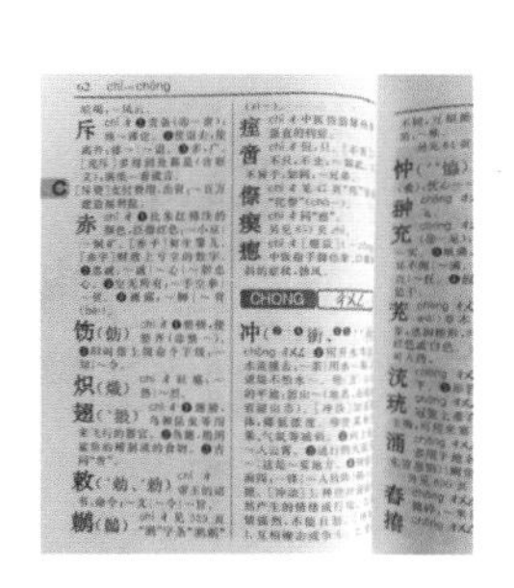

假如，你翻到了“chou”，因为“i”比“o”靠前，所以要从这一页往前翻，翻到“chi”。

结果

翻到了！如果你知道读音，这个查字典的算法很快。

知识点6 二分检索

二分检索是将待查找数据分成前后两部分，在前或后半部缩小范围查找。在数据已经按照一定规则排列好的情况下，使用二分检索更理想。

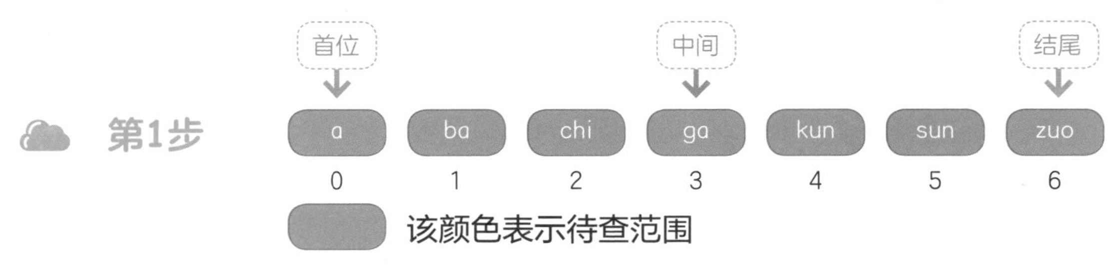

该颜色表示待查范围

第N+1步

一分为二，在前段缩小范围，查找chi，继续递归查找，反复按照这个办法操作。

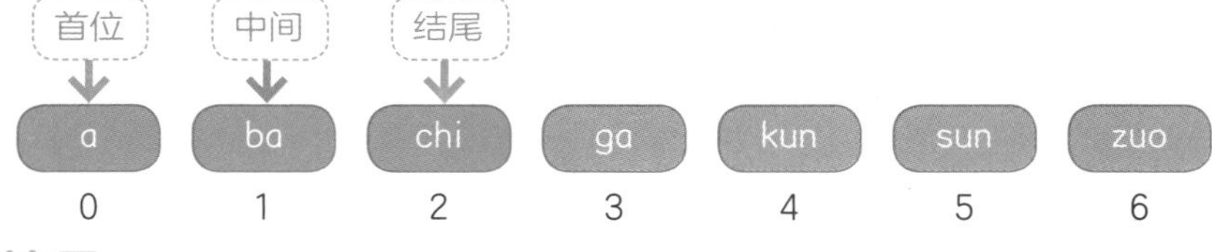

结果

再次缩小范围，把不包含“c”的在检索范围内排除。

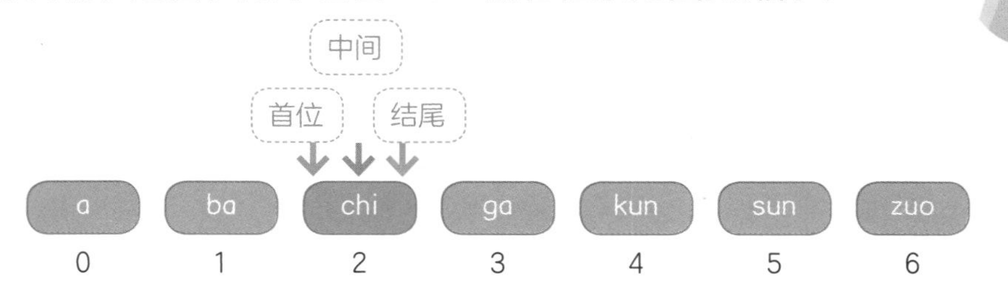

算法游戏

我是朱元璋，明朝皇帝，后世称我为“明太祖”。我只回答“是”或者“不是”，10次机会之内，你能用二分检索算法，查到我的祖籍是哪个省吗？

扫描二维码

获取游戏答案！

游戏
帮外卖员找到订餐的人家

美美和聪聪在楼下玩，看到一位外卖员因为一时找不到订餐人“H区14号楼2单元901室”的位置而急得满头大汗，美美主动提出了帮助。

“H区”就是一级分类。

第1步

查看小区平面图告示牌，找到“H区”的大致位置在小区西南角。

“14号楼”就是二级分类。

第2步

图上显示的14号楼，在H区靠光明路一侧的位置。

“2单元”就是三级分类。

第3步

逐步使用查找下一级别的方法，终于找到了14号楼2单元的门，是从左往右数的第2个门。

结果

查找投递地址、图书馆查找图书等都是按照顺序层级进行线性检索哦。

我可以闻出来！

对，订单是我的。
谢谢你，真准时！

知识点7 线性检索

线性检索是从第1个数据开始，一个一个查找。先查找第一级分类，再从二级分类往下查找。以此类推。

此方法适合待查找数据没有按照一定顺序排列的情况下使用。这种检索算法不稳定、费时间。

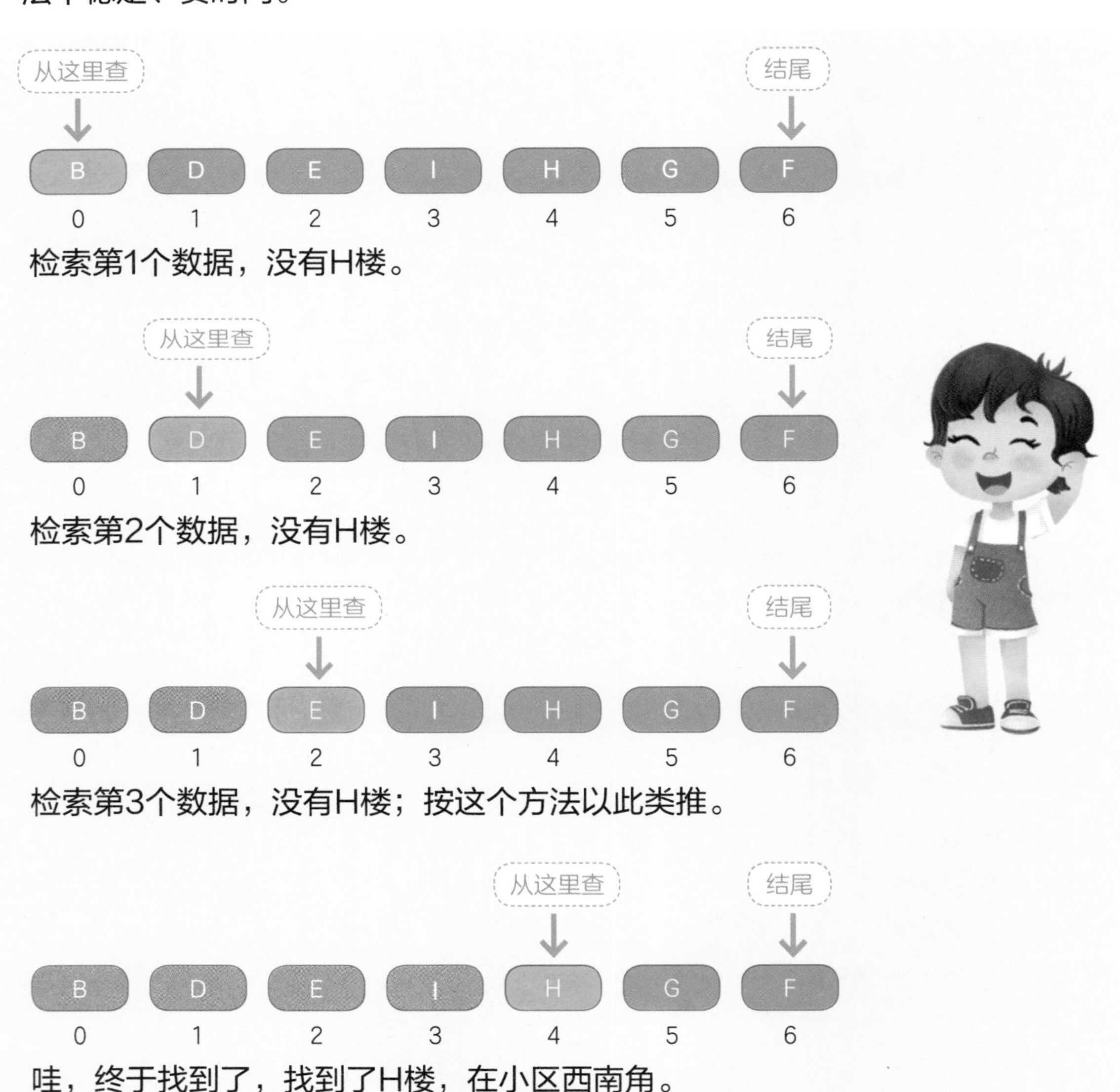

知识点8 学会绘制流程图

美美、聪聪和爸爸妈妈计划周末去郊游，一大早，闹钟不停地响，全家开始进入慌乱状态。

餐包和帐篷带了吗？

别忘了系安全带！

你们不觉得，车上少了谁吗？

等等我，
我还没上车！

这趟行程需要做哪些事情呢？请你按照正确顺序，完成这幅流程图吧！

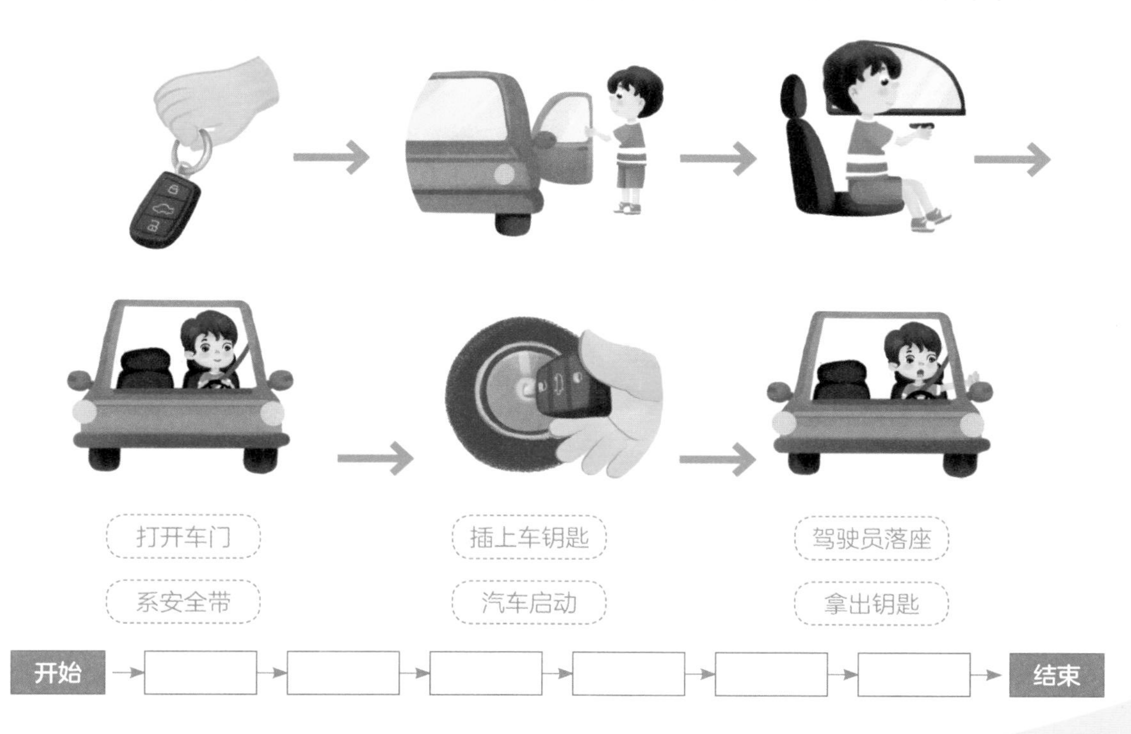

知识点9 流程图的符号和规则

聪聪 美美，我看看你画的流程图。

美美 给，哥哥。

聪聪 美美，你符号用错了。

美美 哥哥，那你教教我吧。

聪聪 我给你详细讲讲流程图的符号和规则吧。

思维泡泡

我们编写程序指挥计算机和做事情的时候，需要绘制流程图，帮助我们理清思路。现在我们学习如何画流程图吧。

开始

结束

表示任务的开始或结束

执行

表示需要执行的任务，比如系上安全带、发动车等

条件判断

表示执行的任务会因为某种条件而发生改变

流程线

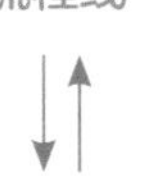

带有箭头的线条表示执行的顺序和方向。
上下方向连接一般用“Y”，左右方向连接一般用“N”。
流程图按从左到右、从上至下排列

知识点10 绘制流程图，需要了解3种基本结构

美美 哥哥，流程图的规则和符号我都清楚了，是不是就可以绘制流程图了？

聪聪 是的。但是绘制流程图前，得先掌握流程图的3种基本结构。

美美 哥哥，绘制流程图，有哪3种基本结构呢？

聪聪 我用学校运动会举例吧，看了你就明白了。

美美 好啊。

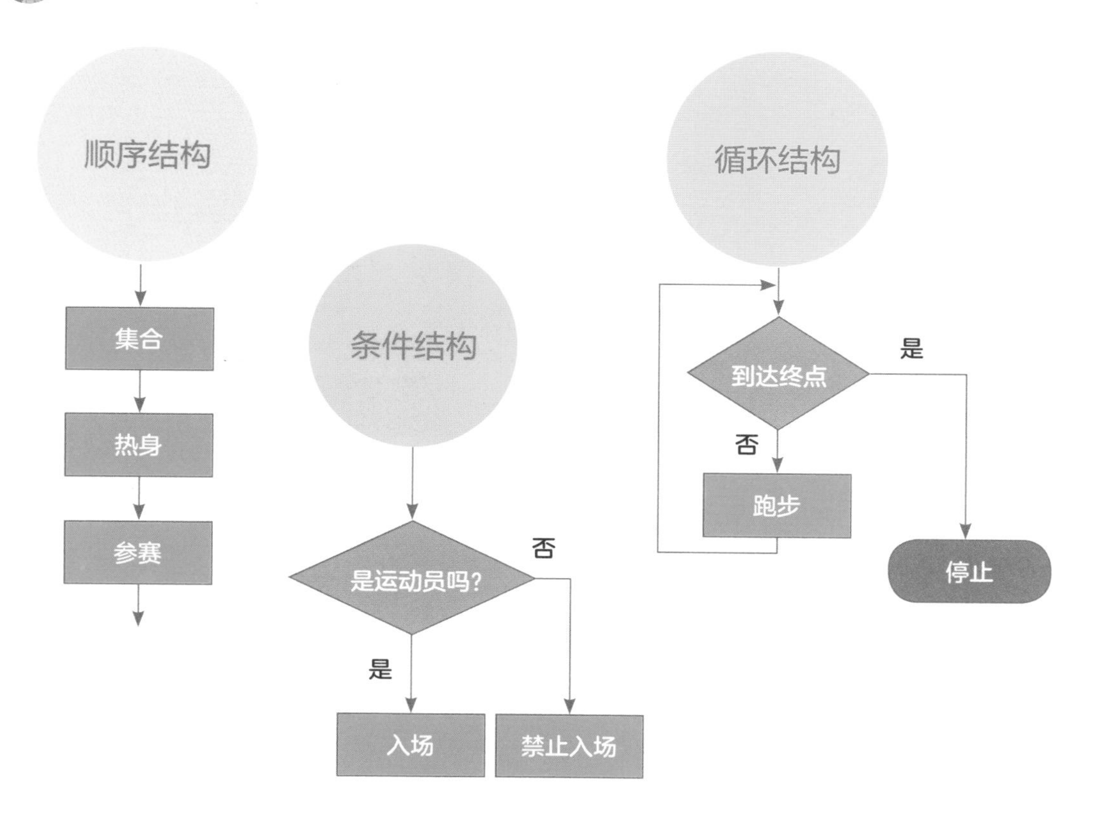

条件结构也称为“选择结构”或“分支结构”。

知识点11 算法的第1种构成：顺序结构

聪聪 算法里最常见的结构是顺序结构，用流程图培养编程思维，在我们做事情的时候特别有用。

美美 我们来找找生活中的“流程”吧！

动动手，写下放学回家到睡前的流程图。

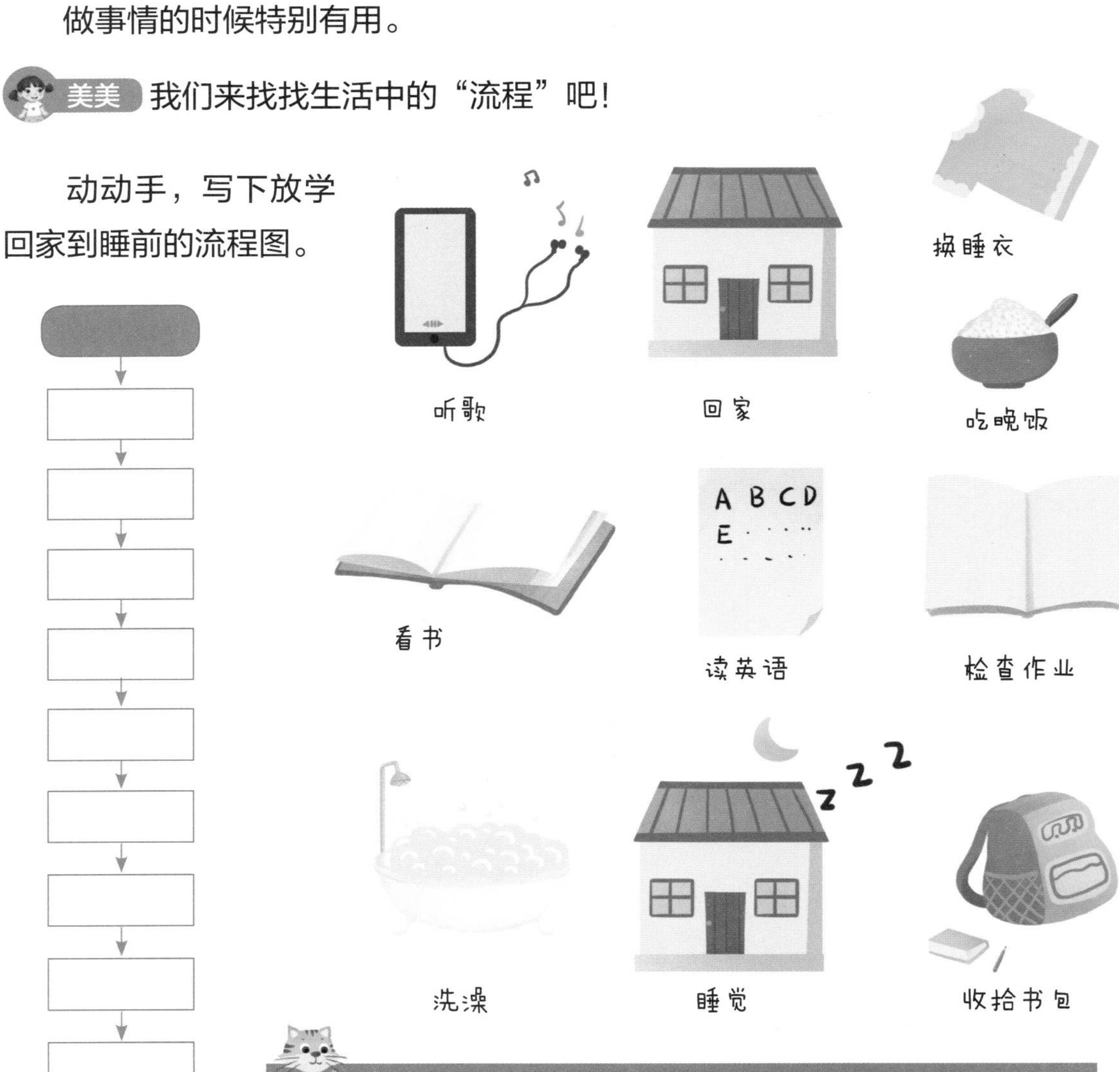

流程图的作用

流程图可以帮助我们理解什么是顺序，还能在日常生活和学习中培养很好的习惯呢。

知识点12　算法的第2种构成：条件结构

美美一家准备进入商场停车场，发现商场对于进入该场地的车辆有规定。

请根据停车场的规定，判断进入停车场的车辆是否符合规定，应该收费多少吧？

根据右侧提示，画一画流程图吧。

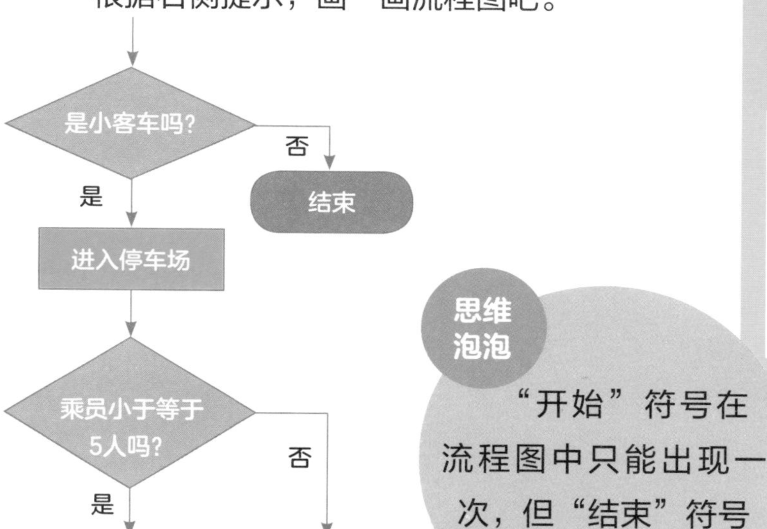

P

收费停车场

进入该停车场的车必须为小客车，货运车辆谢绝入内。

如果该车的乘员数量小于等于5人，则收费5元。

如果该车的乘员数量大于5人，则收费8元。

思维泡泡

"开始"符号在流程图中只能出现一次，但"结束"符号则不限次数。

● 是否能进入？

如果〈是小客车〉那么
　可以进入停车场
否则
　不允许进入

● 应收费多少？

如果〈乘员数≤5〉那么
　收费5元
否则
　收费8元

知识点13 算法的第3种构成：循环结构

美美的班里来了一个智能机器人，我们要给它编写一个发放酸奶的任务流程。

注意，全班有18位同学，有2位同学请假，这2位同学的座位是空的，空桌不需要发放酸奶，避免浪费。所以，机器人只能从老师手上领取16杯酸奶。

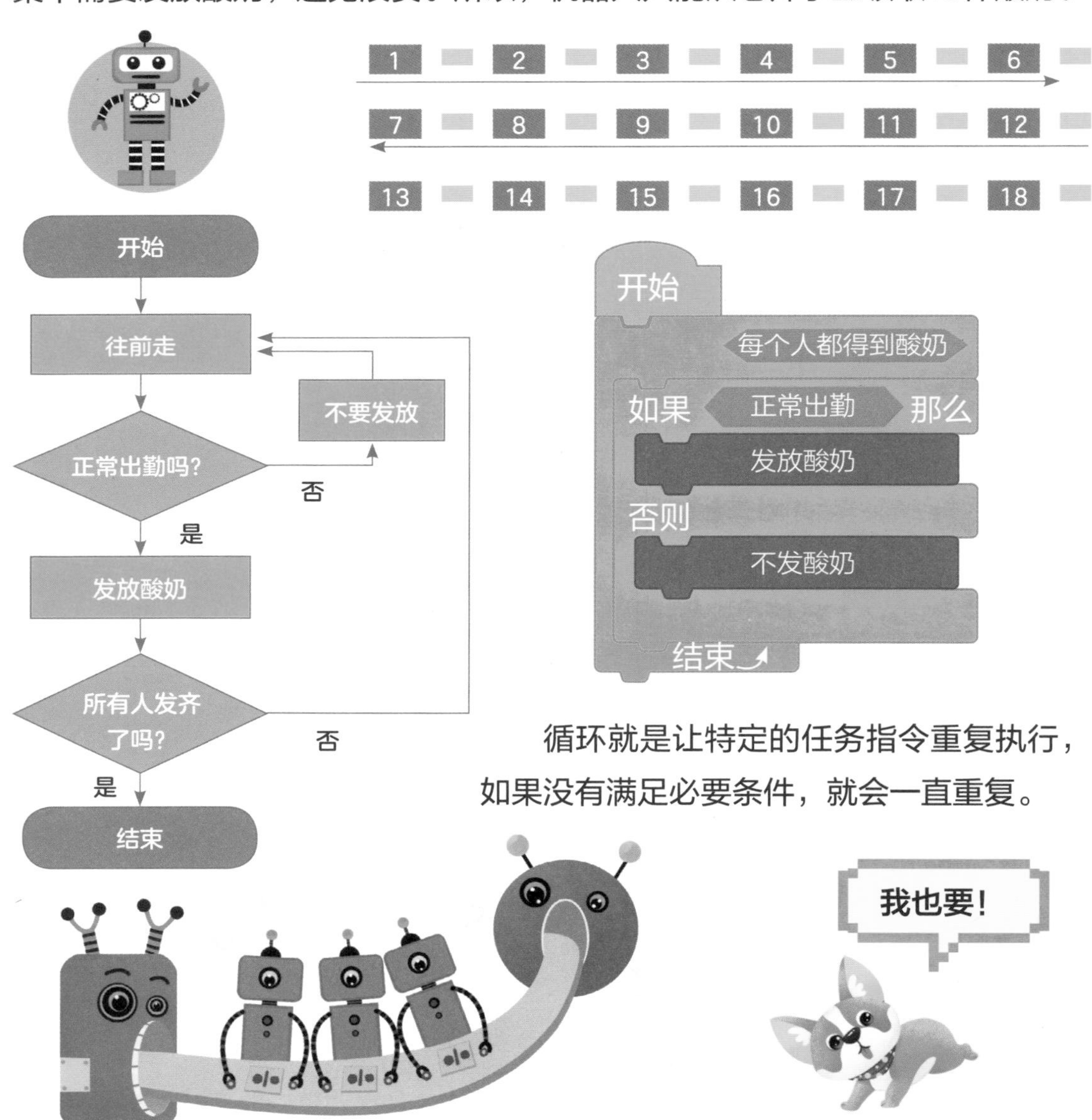

循环就是让特定的任务指令重复执行，如果没有满足必要条件，就会一直重复。

游戏
修复流程图，处理Bug

美美 Bug是什么意思？

聪聪 就是错误的意思。如果我们编写的程序运行时遇到Bug，在无法确定它在哪里时，最好的办法就是使用流程图，梳理指令顺序，查找Bug出现在哪里。

从计算机诞生之日起，就有了计算机Bug。

1945年9月9日，一只飞蛾飞进继电器中，造成了继电器组成的“马克Ⅱ型”死机。从此以后，人们将计算机错误戏称为虫子“Bug”，而把找寻错误的工作称为“Debug”。

美美给智能机器人编写了一个打扫教室的任务流程。美美的程序流程是这样的，你发现问题在哪里了吗？

请查找下方Bug在哪里？

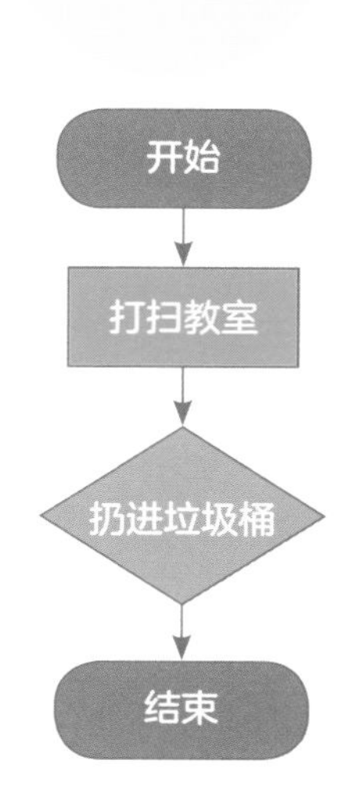

Bug在哪里？

结果：程序运行后，机器人把教室的课本、书包当作垃圾扔进了垃圾桶，哈哈。

修正后的程序

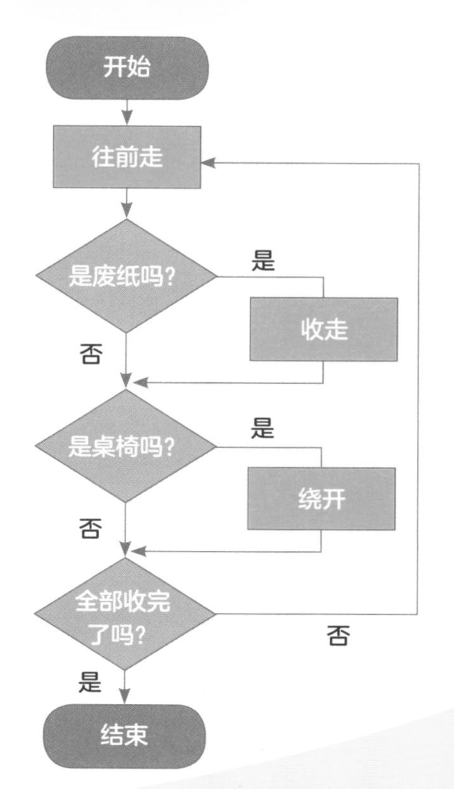

编程小游戏

学了这么多编程的思维方式，接下来我就能学习实际编程操作啦！

最后，我们来玩一个小游戏！

一只小白兔从起点要走到终点的胡萝卜田里拔萝卜。它可以沿线走过去，每条线交叉的点是一个路口，它可以有多条路进行选择。你能数出来，它一共有多少条路可以走吗？前提是不能来回走冤枉路哦。

我能找到骨头！

下篇
Python初体验

作者：吴培

Python没有那么难

美美 哥哥，你在做什么呢？

聪聪 我在使用Python编程。

美美 “派森”？那是什么？

聪聪 哈哈！Python是一个编程语言的名字。它可是现在最流行的十大计算机语言之一哦！很多程序员都在使用它编程，完成工作。Python非常简单、易学、可读性强，小朋友也能轻松学会。

美美 哇！那我学会了就可以像大人一样去工作啦！

聪聪 程序员用这个语言可以编写大型网站、完成大数据和人工智能的技术开发。不过，我们学习这个语言还不需要像程序员那样研究得那么深入，我们可以用它来做一些有趣的游戏，或者帮助我们整理电脑里的数据，还可以操控机器人来解决一些实际问题哦！

美美 太好了！可是，这个Python到底是什么意思呢？

英语时间

python

蟒蛇

美美 它是蟒蛇的意思吗?

聪聪 Python这个单词翻译过来是蟒蛇的意思，但是它不是真正的蟒蛇哦！这个语言的发明者当时喜欢一部情景剧叫*Monty Python's Flying Circus*，它从中选择了单词Python作为他开发的编程语言的名称。

美美 那这个语言是谁开发的呢?

聪聪 Guido van Rossum。在1989年12月，他为了打发圣诞节假期，开发了一种新的编程语言，就是Python。

美美 太厉害了！我也想像他一样厉害，我们开始学习Python吧!

聪聪 可以啊。Python虽然是编程语言中比较简洁的一种，不过它毕竟是一款敲代码进行编程的语言，它和编程启蒙软件——Scratch Jr和Scratch 3.0 都不一样哦。Python不能依靠拖曳积木块来完成编程，而是真正用英语写出编程语言，所以，其中有一些英语单词，需要我们在编程过程中一起学习。

美美 没问题!

聪聪 那么，第1步，我们先在你的电脑上把这个软件安装上吧!

第1个任务　安装软件

●文件链接

https://www.python.org（Python官网）。

安装软件

Python语言的语法相比其他编程语言要简单易懂，使用Python语言与计算机沟通，更像是在和人类朋友对话，给它指令，让它做动作，而且它是免费的哦。你可以到Python的官方网站下载软件（建议安装3.7以上的版本）。

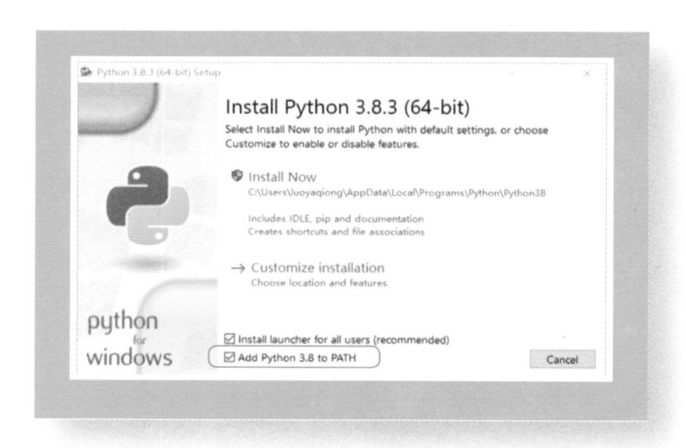

聪聪 安装时可以勾选“Add Python 3.8 to PATH”复选框，配置好环境变量。

Python的界面长什么样

聪聪 以Python 3.8为例，首先找到Python 3.8的程序，打开IDLE (Python 3.8 64-bit)后，就会出现右图所示的界面。

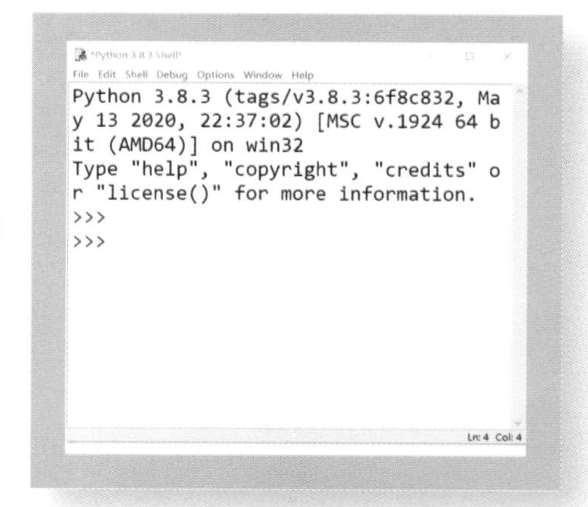

聪聪 我们可以调整字体和字号，让界面看起来更加舒服。方法是单击“Options（选项）”菜单，找到“Configure（配置）IDLE”。字体（Fonts/Tabs）选择“Consolas”，字号（Size）选择“20”，然后单击“OK”按钮。

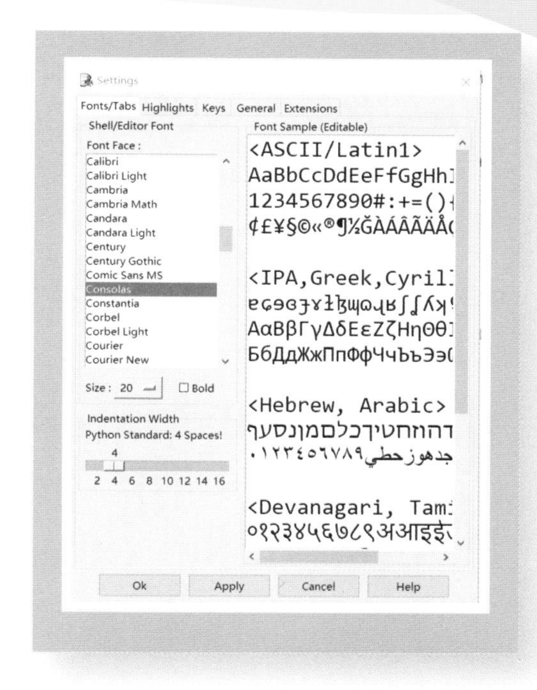

如何编辑代码

聪聪 我们可以用两种方式在Python中编辑代码。

美美 哪两种呢?

①交互式解释器：Python Shell

聪聪 一种是交互式解释器，就是前文图片中展示的界面。当你输入代码时，界面可以直接输出你想要的数据，我们把它叫作Python Shell。Shell是“外壳”的意思，也就是所见即所得。

美美 还是不太明白。

聪聪 我们举个例子。例如，输入7乘以8，在代码中乘号是*，然后回车，下面就出现了它的计算结果56。以蓝色字显示编程结果。

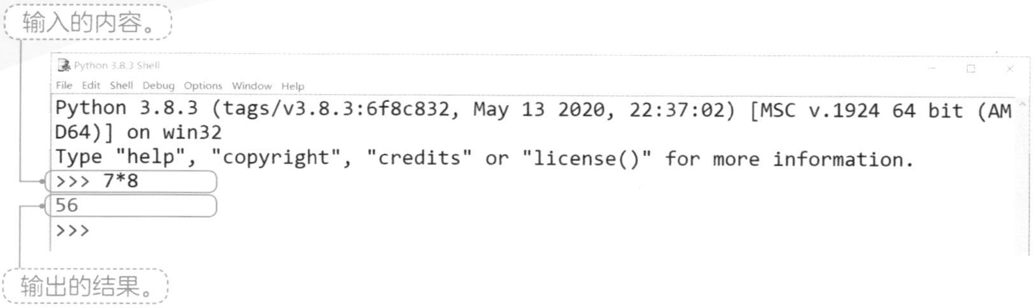

输入的内容。

```
Python 3.8.3 Shell
File Edit Shell Debug Options Window Help
Python 3.8.3 (tags/v3.8.3:6f8c832, May 13 2020, 22:37:02) [MSC v.1924 64 bit (AM
D64)] on win32
Type "help", "copyright", "credits" or "license()" for more information.
>>> 7*8
56
>>>
```

输出的结果。

聪聪 这种模式是不是很方便呢？

美美 是的。

聪聪 我们再尝试一个，试着“打印”（也就是输出）一个字符串“Hello Python”（你好，Python）。在这里，我们学习你的第1个代码知识，就是“打印”（输出）。

美美 为什么是“打印”？

聪聪 这个函数代码的格式是print ( )，print这个英语单词直译过来是打印，不过，在Python里面它不会真的打印出纸质文件，只是一种意向，类似于输出、显示出来的意思。

美美 那个括号有什么用呢？

聪聪 你学过函数吗？就像y=f(x)一样，f( )是一种函数的表达，括号里等待填写的就是这个函数的变量，也就是x的位置。

美美 哦，那在print ( )里面我们应该填什么呢？

聪聪 print ( )这个函数的意思是，把你希望的内容输出、显示出来。所以，在括号里填写你希望它显示的内容就可以了。记住，这里要显示的内容要加英文状态下的双引号哦。

美美 为什么呢？

聪聪 美美，这个问题我们后面遇到的时候再学。一次学太多，怕你记不住哦！看，我们写的代码是print ("Hello Python")，回车以后，下面直接显示了结果Hello Python。

输入的代码。

```
Python 3.8.3 (tags/v3.8.3:6f8c832, May 13 2020, 22:37:02) [MSC v.1924 64 bit (AM
D64)] on win32
Type "help", "copyright", "credits" or "license()" for more information.
>>> print("Hello Python")
Hello Python
>>>
```

输出的内容。

画重点

打印（输出）函数格式：

print ( )

使用方法：在括号中填写希望输出的内容。如果希望系统不经过计算直接显示你填写的内容，要加英文状态的双引号。

②Python文件方式

美美 还有一种方式是什么呢？

聪聪 另外一种是使用Python文件的方式，也就是我们在以后的学习中主要使用的一种方式，需要通过File（文件）菜单→New File（新文件），创建一个空白文件，像下图这样。

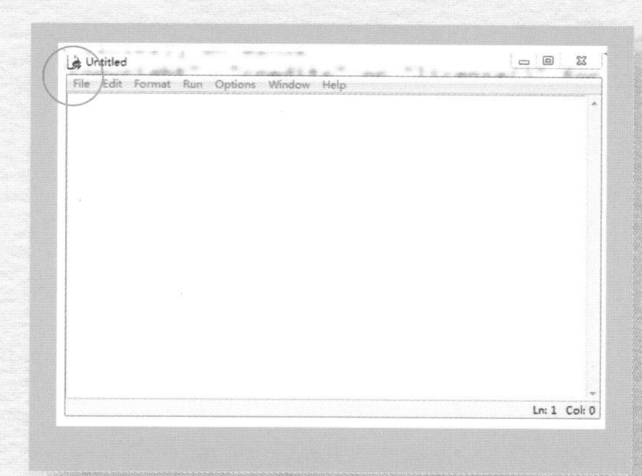

聪聪 编写代码后，进行存储，存储到本地磁盘，File（文件）菜单→Save As（储存为）。建议文件存到D盘或E盘，文件名称为英文或数字。然后，通过Run（运行）菜单→Run Module（运行模块），运行程序（快捷键是F5），会自动出现Shell，可以直接查看结果。例如，我们在文件方式下输入a=7，b=8，计算乘积，像下面图示这样：

```
a=int(input("a="))
b=int(input("b="))
c=a*b
print("结果为",c)
```

输入的内容。

聪聪 在Shell中查看的结果是下面图示这样的：

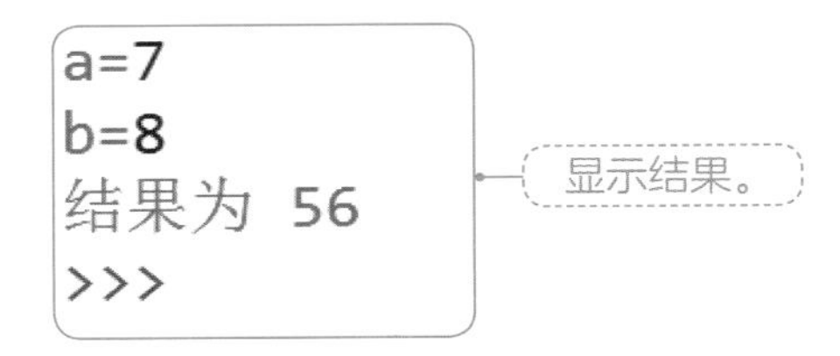

```
a=7
b=8
结果为 56
>>>
```


美美 这些代码我怎么看不懂呢?

聪聪 现在看不懂没关系，只要知道它是在哪里输入，在哪里显示，就可以了。后面我们会慢慢学到这些代码知识哦。不要担心。

美美 哥哥，我不小心把程序关掉了，怎么办?

聪聪 没关系。关闭程序后，如果想再次编辑程序，可以找到程序文件，单击鼠标右键，找到“Edit with IDLE（编辑IDLE）”，就可以再次编辑了。

第2个任务 看看Python可以做什么

美美 Python能做什么呢?

聪聪 我们先来看一个有趣的编程游戏吧。Python中有一个特别有趣的图形化程序，叫作海龟作图。程序运行后有一个黑色的小箭头来回“游动”，就是海龟在作图。它就像一个小海龟在沙滩上爬来爬去，留下小小的印记，成果就像这样：

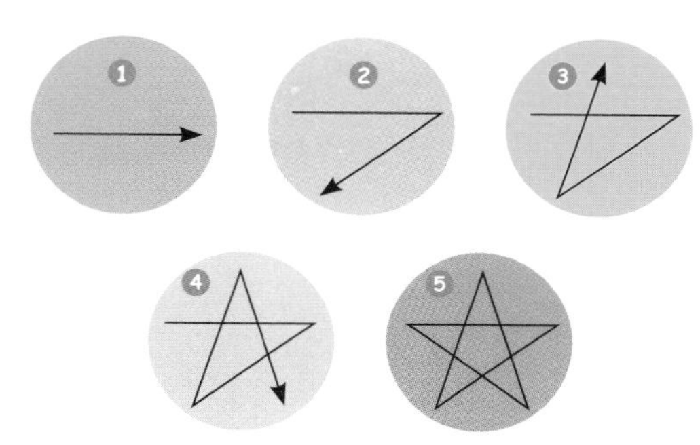

美美 哇！好神奇！它是怎么做出来的呢?

聪聪 其实，我们给计算机写了程序，让它做这一系列动作。

美美 程序？是什么意思?

名词时间

程序是让计算机解决某一特定问题，用某一种程序语言设计编写的指令序列，就是用计算机听得懂的语言，指挥它做一些事情。

我能听懂吃饭的指令！

第3个任务 编写第1行代码

尝试写一行代码

聪聪 现在让我们开始尝试第一次正式的Python编程吧！

美美 太好啦！

聪聪 首先，要用我们前面说过的方法，点击File（文件）菜单→New File（新文件），创建一个空白文件。

美美 创建好啦！

聪聪 然后，输入代码。你跟着我一起尝试一下。

```
a="同学们"
print(a)
```

聪聪 你看看，运行后是什么效果呢？

美美 输出了“同学们”3个字。

```
同学们
>>>
```

美美 我在print()里面填的内容是a，为什么出来的结果是“同学们”呢？

聪聪 因为在程序的第1句话中，我们把“同学们”这个内容赋予a这个代表字符。

美美 那我直接写print（“同学们”）可以吗？

聪聪 也是可以的。之所以要先把“同学们”赋予a，是为了方便后面更复杂的编程哦。我们继续看下一个例子。再新建一个文件，试一下这个代码。

```
b="欢迎来到Python世界"
print(b)
```

聪聪 你看看运行结果和你想的一样吗？

```
欢迎来到Python世界
>>>
```

美美 我们有了a和b了，接下来要尝试什么呢?

聪聪 我们可以再新建一个，把a和b两个代表字符用加号连接起来，你试试效果是什么呢?

```
a="同学们"
b="欢迎来到Python世界"
print(a+b)
```

美美 结果是a和b的内容连在一起显示了。

聪聪 没错，这就是我们一开始使用a和b代表字符的目的，让print ( )函数里面的内容更加简洁。

```
同学们欢迎来到Python世界
>>>
```

认识函数

美美 为什么print后面要有一对括号呢?

聪聪 在Python中，有很多很多函数，它们都是需要一对括号的，因为括号里面能够写函数的一些参数、属性等，特别重要。要是没有括号，重要信息都不知道写在哪里呢。

名词时间

函数是一段具有特定功能的、能够直接被引用的程序块。

在Python中，比如int ( )、input ( )、print ( )，它们分别是转换整数型函数、输入函数、输出函数，这些都是程序的基本组成。不用管函数是如何实现的，因为它自身已经写好了相关的代码，直接用就可以了，特别省心。可以把它理解成做饭用的各种调料，如酱油、醋、辣椒，不用管它怎么制作出来的，做饭的时候，知道该放什么调料就好了。

可以简单理解为，带有( )符号的都可以叫函数。一定要注意哦，这个括号( )是英文输入法的括号，可不能写成中文输入法的括号（　），计算机是不认识的!

数据类型是什么意思

```
print("数字b大")
```

美美 在刚才练习print ( )函数的时候，我发现，有的时候要在括号里加引号，有的时候又不加。比如，我写print ("Hello Python")时就加了引号，写print (a)的时候就没有引号。

聪聪 因为加引号的内容是一种字符串数据类型，是希望计算机直接使用原文，不要去理解它们的含义并做出动作。用引号括起来的内容，一般会显示成绿色，字符串是指由字符组成的序列。Python中使用单引号或双引号创建字符串，就像右上角这张图显示的一样。

聪聪 这样，计算机就会直接输出“数字b大”这样的内容了。一定要注意，这里的引号" "也要用英文输入法模式中的引号哦，用中文输入法的引号是不执行的 。

画重点

在编写计算机程序时，括号( )和引号" "都要使用英文输入法模式，不能使用中文输入法哦。你可以简单理解为，计算机只能认识英文，不认识中文，包括中文的标点符号。所以，当你发现一段程序出现错误不执行时，你可以看看是不是某个符号的输入法用错了。

关于引号，有很多种形式可以选择，不过一定要成对出现哦，不能混用。比如：双引号和单引号，都可以表示字符，例如："欢迎同学们来到Python世界"，或者'欢迎同学们来到Python世界'。但是要保持一致，不能一边用双引号一边用单引号。

美美 那么，其他不加引号的又是什么类型呢？

聪聪 数据有很多种类型，就好比人有很多种类型一样。整数型的数据类型意思就是只包含整数，用int ( )函数表示，第5个任务我们就会用这个函数来举例 。

美美 好期待！

聪聪 另外还有数据是浮点型的，浮点型意思就是包含小数点的数，因为并不是所有数都是整数呀。这种就用float ( )函数来表示。我们在第6个任务中会遇到它。

聪聪 还有一种数据类型叫布尔型。布尔是19世纪英国的一位小学数学老师，他首次向人们展示了如何用数学的方法解决逻辑问题，所以这种方法就用他的名字来命名。在编程中，我们经常会用到布尔运算。

美美 布尔运算是什么意思？

聪聪 布尔运算很简单，运算的元素只有两个值：True 和False。基本的运算只有“与（and）”“或（or）”和“非（not）”3种。

true 真实的，准确的

and 与，和

not 非，不是

false 不真实的，假的

or 或者

逻辑运算符的运算规则

A表达式的值	B表达式的值	A And B	A Or B	Not A	Not B
True	True	True	True	False	False
True	False	False	True	False	True
False	True	False	True	True	False
False	False	False	False	True	True

例如：a、b、c这3个数比较，a>c并且b>c，才能是True。

```
>>> a=5
>>> b=4
>>> c=3
>>> a>c and b>c
True
>>>
```

聪聪 我们用到了一些运算符如“+”“*”，我们称之为算数运算符，下面是几个常用的算数运算符。

算数运算符

符号	含义	应用（设a的值为5，b的值为2）
+	加	a+b的值为7
–	减	a-b的值为3
*	乘	a*b的值为10
/	除	a/b的值为2.5
**	幂	a**b的值为25
//	取整数	a//b的值为2
%	取余数	a%b的值为1

第4个任务 比较两个数字的大小

流程图和程序长什么样

聪聪 我们来做一个游戏。比如，我想判断a、b两个数字的大小（在不考虑两个数相等的情况下），就有两种可能性。

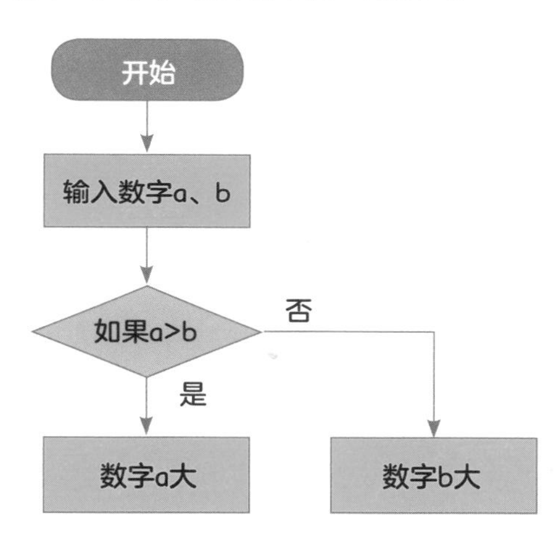

画流程图的规则请在上篇中寻找哦！

聪聪 然后，根据这个流程图，编写程序，就像这样：

```
a=int(input("数字a为: "))
b=int(input("数字b为: "))
if a>b:
    print("数字a大")
else:
    print("数字b大")
```

美美 流程图我大概明白了，不过，我看到这段英文写的程序，又晕啦！

聪聪 那我们就一句一句来认识一下它们吧！

每句代码的含义

第1句

```
a=int(input("数字a为："))
```

Tip 1：变量

聪聪 因为要比较a和b两个字母代表的数值的大小。那么，我们首先要告诉计算机，什么是a。虽然我们知道a是什么意思，但我们要把计算机当作一个完全空白的大脑，从第一个概念开始就告诉它。在这里，我们把a叫作变量。

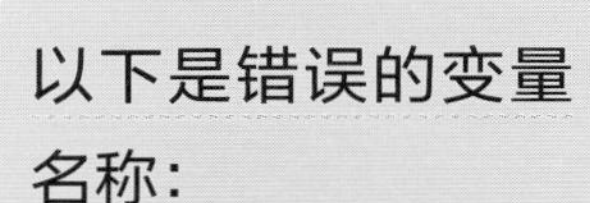

名词时间

我们可以理解为，变量就是一个打开的盒子，盒子里面装东西，这些东西可以随时被替换。

变量可以包含以下字符：
小写字母（a~z）
大写字母（A~Z）
数字（0~9）
下画线（_）

✓ 变量不允许以数字开头。以下是正确的变量名称：
c
A
C1
a_b
_3c

✕ 以下是错误的变量名称：
2
5c
3_

还有哪些词不能作变量名称：

Python的关键字也不可以用作变量，如for、in、input、range、print、import等，它们各有各的用途。

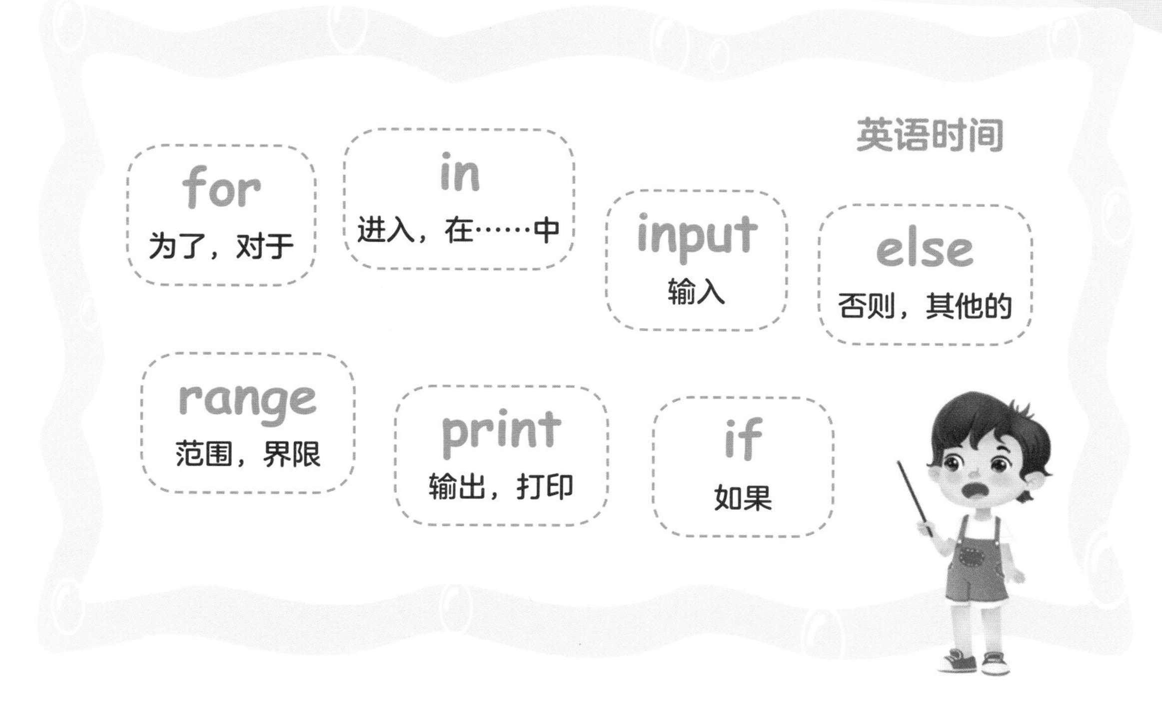

Tip 2: 赋值

再继续看这句代码。我们看到了“a=”，这里的“=”可不是等于号哦。它在程序里面是“赋值”的意思。也就是说，把“=”后面的内容赋予“=”前面的内容。在这里，就是要把“=”后面的内容赋予a，作为它的意义。

```
a=int(input("数字a为: "))
```

Tip3：多个括号

int ( )是取整函数，也就是说，在这个游戏中，我们只欢迎整数来参加哦。对于int ( )函数而言，紧跟着int后面的这半个括号是它的，最后半个括号也是它的。

```
a=int(input("数字a为: "))
```

包含在它里面的这一串input("数字a为：")，是int ( )这个函数的运算内容。

美美 那括号里面又有一个括号，是什么呢?

聪聪 其中这一段内容input("数字a为：")是另外一个函数，叫input ( )函数。input这个单词是输入的意思。你能猜到input ( )这个函数是什么意思吗?

美美 应该是输入括号里面的内容吧!

聪聪 没错。

第2句

```
b=int(input("数字b为："))
```

聪聪 第2句和第1句的语法结构完全一样，只不过在输入的内容中，把a替换为了b。

第3句

```
if a>b:
    print("数字a大")
```

聪聪 if这个英文单词是“如果”的意思。那么整句话的意思就是，如果a>b，那么就执行下面这个语句。下面的语句是 print("数字a大")。print()函数我们前面学过了，你能明白这句话的含义吗?

美美 意思就是，如果a>b，那么就在屏幕上显示“数字a大”这句话。

聪聪 美美，你太棒了!

第4句

```
else:
    print("数字b大")
```

聪聪 else这个英文单词的意思是“否则的话”。也就是说，上面说了，如果a>b会怎么样。那“否则的话”，指的就是上一句的反义了，也就是如果b>a的情况。那么，在这种情况下，我们让计算机在屏幕上显示“数字b大”这句话。为了降低难度，我们先不考虑两者相等的情况，否则就需要用另一组代码了。

画重点

if后面和else后面都有一个冒号“：”，这是因为，if和else就好比说话时的前半句，有了这两个词，后面必定会接后半句，后半句是前半句的结果，所以，要在if和else后面加冒号。紧接着，它的结果需要写在第2行，并且，需要先空4格再写语句，不能和if还有else一样顶格写哦，因为后半句只是前半句的结果。在Python中，如果你在冒号后面按回车键，那么下一句会自动缩进4格哦。

聪聪 这里，我们用到了一组常用的语言格式，就是if-else。

画重点

if-else的格式通常是这样的：

```
if 条件:
    语句块1
else:
    语句块2
```

这个程序的算法，很明显就是一个选择结构，两条路线非常清晰。通过流程图就很好理解了，if和else代表两种不同的可能性。

第5个任务 多重分支结构的流程图和程序

聪聪 了解了数据类型和两条路线的选择结构，我们再来看一个升级版的“如果-那么”结构的实例，其中运用到了浮点型数据和字符串类型的数据。例如，我们想知道自己是胖还是瘦，有一个方法，可以通过身高和体重的数据来知晓答案。

美美 是什么呀?

聪聪 哈哈！你可以用体重除以身高的平方计算出一个数字，然后来看看这个数字有没有超标。体重用千克作为单位，身高用米作为单位。这样除出来的数据叫作BMI，也叫身体质量指数，它是国际上常用的衡量人体肥胖程度和是否健康的重要标准。理想的BMI是18.5～23.9。低于18.5属于低体重，高于23.9属于超体重，在理想范围内的属于正常体重。

美美 哦，也许我该少吃一点了。

聪聪 哈哈！我们也来画一个流程图吧！我们一般用字母h代表身高，字母w代表体重。

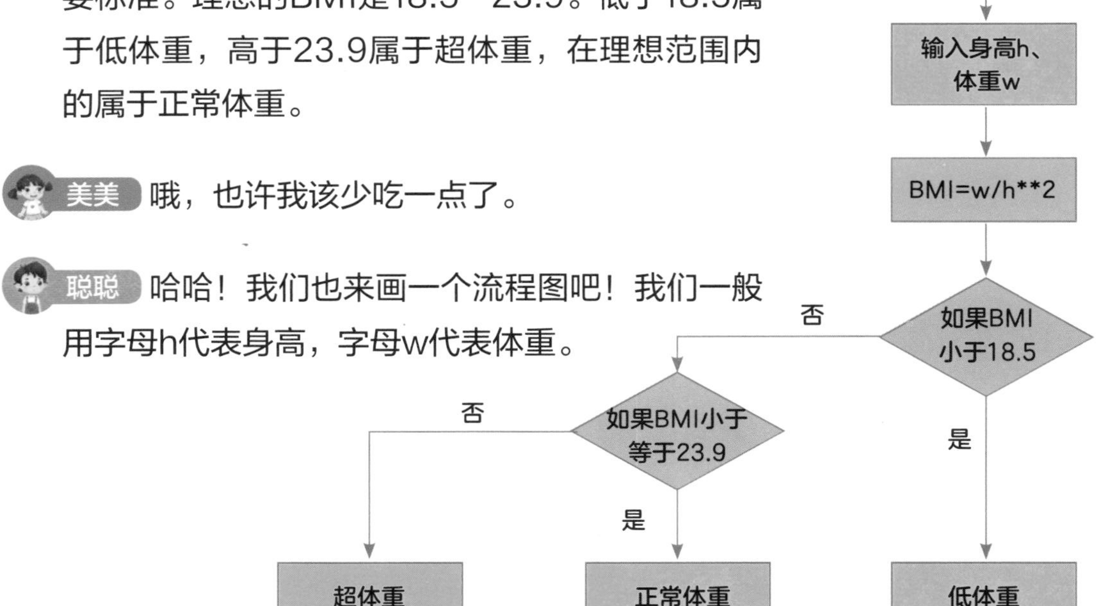

聪聪 根据这个流程图，我们可以写出这样的程序代码：

```
w=float(input("体重为: "))
h=float(input("身高为: "))
BMI=w/h**2
print('%.2f'%BMI)
if BMI<18.5:
    print("您的体质指数不正常: 低体重")
elif BMI<=23.9:
    print("您的体质指数正常，请保持")
else:
    print("您的体质指数不正常: 超体重")
```

elif格式

美美 这里多了一个elif，这是什么意思呢?

聪聪 elif就是if的嵌套，是多重分支。其中：if、elif、else是用来说明判断条件的。我们可以理解为，有3种可能性，BMI小于18.5、BMI大于等于18.5但小于等于23.5、BMI大于23.5，而if-else结构写不下，就要第3个来帮忙。

画重点

elif的格式是这样的：

```
if 条件1:
  语句块1
elif 条件2:
  语句块2
else:
  语句块3
```

每句代码的含义

第1句

聪聪 因为我们在计算身体质量指数BMI的时候需要用到体重、身高的数据，把它们套用在公式里，需要表述非常简洁。一般我们用w代表体重（w是英语weight重量的首字母），用h代表身高（h是英语height高度的首字母）。所以，我们首先要定义w和h两个字母的代表意义。我们先看看第1句。

```
w=float(input("体重为："))
```

美美 float ( )这个我明白，前面学过，它是浮点型的数据类型，表示内容是有小数点的。可是，里面为什么不是数字，而是input ("体重为: ")这样一个函数呢?

聪聪 因为，这个代码其实是需要互动的，你并不知道操作者的身高和体重到底是多少，需要他来输入，而且，你要让操作者知道，你想让他输入什么内容，就要给出提示，显示“体重为：”这样的句子，操作者看到了以后，输入他的体重数据，把它变成input ( )函数的内容，输入进去，这样，操作者输入的内容又变成了float ( )函数的数据了，再把它赋予w。

第2句

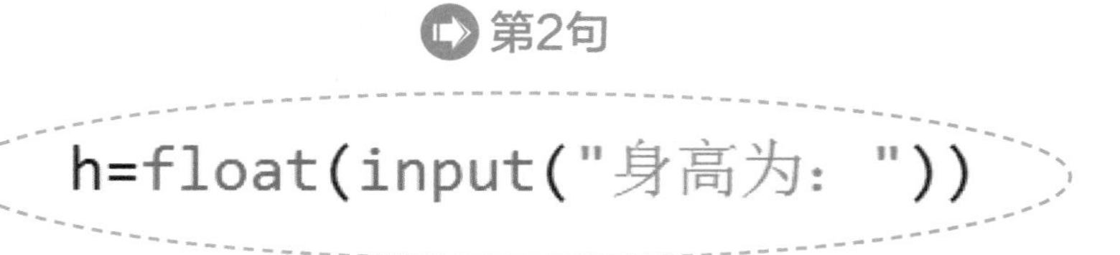

```
h=float(input("身高为："))
```

聪聪 第2句是同样的道理，只是把提示内容改成了“身高为：”，让操作者输入身高的数据，把它赋予h。

第3句

```
BMI=w/h**2
```

聪聪 第3句写的是一个公式，我们定义BMI的计算公式是w/h**2。

美美 为什么有两个星号?

聪聪 两个星号代表幂（mì）的意思，也就是说，后面这个数应该写在h的上角标的位置，上角标是2，就是平方，即h^2。这个公式的意思是，BMI等于w除以h的平方。

第4句

```
print('%.2f'%BMI)
```

美美 这个print ( )我能看懂，但里面的内容好奇怪。

聪聪 '%.2f'的意思是数据保留两位小数点，后面的%BMI意思是将BMI的数值按前面指定的格式输出BMI数据来说，整句话的意思是输出BMI的数值时，要保留两位小数点。

第5句和第6句

```
if BMI<18.5:
    print("您的体质指数不正常：低体重")
```

聪聪 这句话你能看明白吗?

美美 可以！意思是，如果BMI的值小于18.5，就输出“您的体质指数不正常：低体重”这句话。

聪聪 对，这是第1种可能。接下来几句话写的就是另外两种可能了。

第7句和第8句

```
elif BMI<=23.9:
    print("您的体质指数正常，请保持")
```

聪聪 还记得我们刚刚学过的内容吗？如果分支里面有3种可能性，那么中间那种可能性就要用elif来统领。

美美 我明白！这句话的意思是，如果BMI的数值小于等于23.9，就输出“您的体质指数正常，请保持”这句话。

聪聪 是的，不过要注意，这里的elif同时也排除了上一句的可能性，也就是说，虽然数值小于等于23.9属于正常，但是也要大于等于18.5才行。

第9句和第10句

```
else:
    print("您的体质指数不正常：超体重")
```

聪聪 这就是第3种可能了。意思是，否则的话就输出冒号后的内容。这个“否则的话”就是对前面两种可能性都完全否定，那只能是BMI大于23.9的情况了，就输出“您的体质指数不正常：超体重”。

关系运算符

聪聪 上面两个例子中出现了很多比较大小的过程，其中就会用到关系运算符，关系运算符也就是判断两个事物之间的关系谁大谁小的一种运算符号。

关系运算符

符号	含义
==	等于
!=	不等于
<	小于
<=	小于等于
>	大于
>=	大于等于

画重点

一个等于号"="是赋予的意思。两个等于号"=="就真的是等于啦！

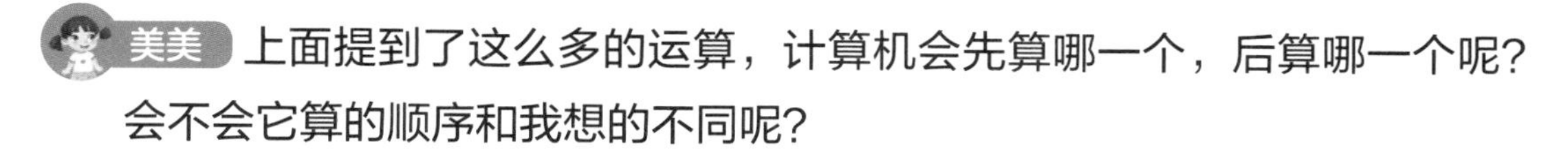

美美 上面提到了这么多的运算，计算机会先算哪一个，后算哪一个呢？会不会它算的顺序和我想的不同呢？

聪聪 我们都知道先乘除后加减，而且要先算括号里面的算式。

美美 那么在Python中优先级是什么样呢？

聪聪 当表达式中出现括号时，它的运算级别最高，应先运算括号内的表达式。

美美 其他的符号呢？

聪聪 在运算符的优先级比较中，算术运算符>关系运算符>逻辑运算符。在同类运算符中也要注意不同的优先级。例如，算数运算符(**)>(*、/、//、%)>(+、-)。逻辑运算符(not、and和or)的优先级为：(not)>(and)>(or)。举个例子，这样的算式，你看看结果和你计算的一样吗？

```
>>> a=5
>>> b=2
>>> a**b-a
20
```

第6个任务 了解模块库

什么是模块库

美美 使用Python语言编程，不能像Scratch那样直接拖曳积木，难道每个我想做的指令都要写全部的代码吗？那好难啊。

聪聪 其实，Python给我们提供了一些已经编辑好的简便组合，我们叫它模块库。我们可以把模块库当作外援团队，它能够更好地帮助Python做事情。

聪聪 举个例子，在编程过程中，我们经常用到数学运算的内容。如果我们每次用到一种数学运算，都需要自己写公式的话，那样的代码就太复杂了。所以，Python给我们准备了math模块库。math是“数学”英文单词mathematics的简写。

美美 可是，计算机怎么知道我要使用模块库了呢？

聪聪 有一个口令，需要你先告诉它“import 什么模块库”，比如，我们要用数学模块库，就在代码开头写一行“import math”。下面，我们试着用Python写一个计算圆形面积的代码吧！

```
import math
r=int(input("请输入圆形的半径"))
s=math.pi*r**2
#s代表面积
print("圆形的面积为",'%.2f'%s)
```

每句代码的含义

第1句

```
import math
```

美美 这个我知道，刚刚学过，是“导入math（数学）这个模块库”的意思。

聪聪 是的，这样下面就可以使用math模块库中的所有函数了。

美美 太棒了！

第2句

```
r=int(input("请输入圆形的半径"))
```

美美 哥哥，这句我看不懂。

聪聪 你知道圆形面积的计算公式是什么吗?

美美 不知道。

聪聪 是$s=\pi \cdot r^2$，其中s代表面积，r是半径，π是一个常数，就是3.1415926……

美美 哥哥，接下来我们要做什么呢?

聪聪 我们要先定义r这个变量的意义，需要让操作者输入这个数据，要告诉他“请输入圆形的半径”，把操作者输入的数据当作input ( )的数值，然后转换为取整数函数int ( )的数据，并把它赋予r。

第3句

```
s=math.pi*r**2
```

聪聪 这个就是圆形面积公式在Python中的表达式啦！

美美 这个r**2是r^2的意思，我明白了。可是前面的math.pi是什么意思呢？

聪聪 我们若想使用π这个常数，它的使用方法为math.pi，后面这个pi就是π的读音啦，放在math.后面，表示我们在math这个数据库里使用pi这个常数，中间用一个圆点隔开。

第4句

```
#s代表面积
```

聪聪 第4句其实不是正式的代码，你看它前面有#号，表示这是一行注释，只是给我们自己看的。这里代码输入者写了注释，提示自己或别人，s代表面积。

第5句

```
print("圆形的面积为",'%.2f'%s)
```

聪聪 第5句，我们就要让结果显示出来了。print ( )函数你一定理解了吧？

美美 是的，就是输出和显示括号里的内容。

英语时间

import
引进

math
数学

聪聪 里面的“圆形的面积为”是什么含义你知道吗?

美美 我学过呀，你看它有引号，就是字符串数据类型，直接显示“圆形的面积为”这句话。

聪聪 没错，你学得很快呀。那后面的'%.2f' %s你理解吗?

美美 难不倒我！我刚才学过了，是取两位小数的意思，是对s这个数据保留两位小数点。

聪聪 太棒了！那么，这两句话中间加个逗号，你知道为什么吗?

美美 哦? 这个就不太懂了。

聪聪 其实很简单，里面的逗号是间隔的意思，为了让系统把“圆形的面积为”这句话和变量s的数值分别输出，让它们连着显示的意思。

美美 这下我懂了。

聪聪 我们来看看效果吧！屏幕上会显示：“请输入圆形的半径”。我们输入5试试。结果是这样的。

```
请输入圆形的半径5
圆形的面积为 78.54
>>>
```

第7个任务 自己创建函数

美美 哥哥，我有一道题不会做，我想让Python帮我看看，哪个是奇数，哪个是偶数。可以用模块库或者某个函数来做吗？

聪聪 这个函数还真没有。不过，我们有办法来实现。我们想实现一些新的功能，现有的函数不能满足需求时，就可以自己创建函数，就像自己制作一个新的调料一样。

画重点

创建函数的方法是这样的。

def 函数名（参数）:

函数内容

return 返回值

define 定义

return 返回

聪聪 创建函数方法的第1句的第1个词def就是“定义”的英语define的缩写，意思就是，我准备定义一个函数啦！这个词后面接一个函数名，这个函数名可以自己创造，你想把这个函数叫什么，这里就写什么，没有一定的规矩。紧接着，要用括号写一下这个函数的参数。函数都是带括号的，括号里面的参数是需要代入到这个函数的变量，所以括号是必须有的哦。

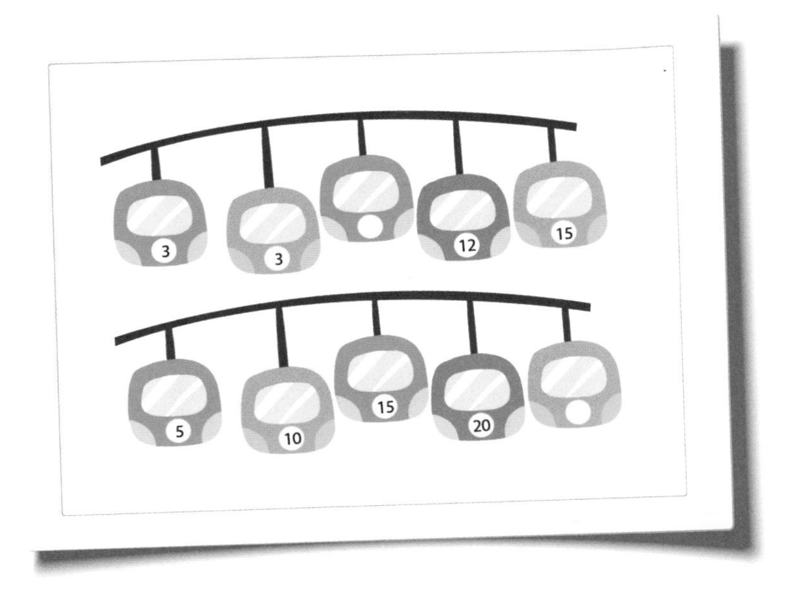

聪聪 用例子来说明吧。判断奇数偶数的代码是这样的。

```
def jioushu (a): #定义函数名称为jioushu，意思是奇偶数
    if a%2==1:
        return True
    if a%2==0:
        return False
b=int(input("请输入一个数字，判断奇偶："))
if jioushu(b):
    print("奇数")
else:
    print("偶数")
```

第1句

```
def jioushu (a): #定义函数名称为jioushu，意思是奇偶数
```

聪聪 意思是，定义这个函数的名称为“jioushu”，就是“奇偶数”的拼音啦，你想写其他的也可以的。参数为a，把a放到括号里。#号后面是对这一句的注解，计算机是不会读取的。

第2句

```
if a%2==1:
```

聪聪 想一想，要怎么判断一个数字是奇数还是偶数呢?

美美 哦，我明白了，只要看看这个数除以2之后有没有余数就可以了。

聪聪 是的，“这个数”也就是a，让a取余数。在Python里面，取余数使用%这个符号。所以，a%2==1的意思就是，参数a除以2取余数之后等于1，双等于号“==”的意思就是等于，运行方向从左往右，与之前所讲的“=”方向相反。余数等于1说明a这个数是奇数。

名词时间

奇数：不能被2整除的数。

偶数：能被2整除的数。

第3句

```
return True
```

聪聪 紧接着第3句就是第2句判断的结果。判断之后，a这个数是奇数，我们让它的返回值是True（正确）。

第4句和第5句

```
if a%2==0:
    return False
```

聪聪 这两句和第2句、第3句同理，只不过，a除以2取余数以后，余数是0，说明没有余数，那么判断a为偶数，我们让它的返回值是False（错误）。

第6句

```
b=int(input("请输入一个数字，判断奇偶："))
```

美美 可是，怎么告诉计算机我要让它判断哪个数呢？

聪聪 这就需要定义另外一个变量，让计算机和我们对话了。我们定义一个整型变量b，当作奇偶数函数的参数，这个整数由操作计算机的我们来输入。首先，需要计算机告诉我们“你来输入一个数吧”，所以，要让它先开口，使用字符串数据类型，说出：“请输入一个数字，判断奇偶：”。把这句话放在input( )函数内，再把整个input( )函数的内容放入取整的函数int( )里面，让它赋值给b，这就是第6句的含义了。

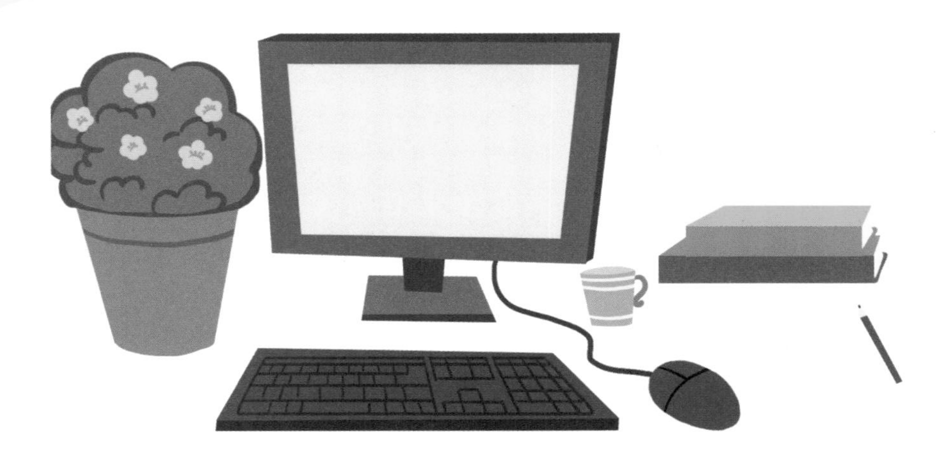

美美 这样会是什么效果呢?

聪聪 效果就是，计算机会先说:“请输入一个数字，判断奇偶：”。然后你输入一个数字，它会判断是True还是False。

美美 判断完以后，怎么告诉我呀?

聪聪 这就是后面几句代码的作用了。

第7句及以后

```
if jioushu(b):
    print("奇数")
else:
    print("偶数")
```

聪聪 这里使用了一个if-else的分支结构，在这个结构中，把变量b作为参数，让我们把输入的这个参数b代入到我们定义的jioushu ( )这个函数中进行运算，如果结果是True的话，就输出“奇数”字样；如果结果是False的话，就输出“偶数”字样。

第8个任务 认识一下列表

美美 哥哥，今天老师给我们留了一个作业，要把几十个数按照从小到大的顺序进行排序，我做不完呀，你能帮帮我吗？

聪聪 可以呀，这个问题也可以交给Python来帮忙解决。

美美 哦？那要怎么做呢？

聪聪 几十个数太多了，我们先以5个数的大小排序为例，学会了简单的，排几十个、上百个你也就会啦！

美美 好啊。

聪聪 把数字排序，就好像把一盒凌乱的积木按照从短到长的顺序摆放整齐。但是，让Python来帮忙摆放它们之前，你需要先告诉Python，盒子里都有哪些积木。也就是说，让Python帮忙排列数的大小之前，需要让它知道，你希望它帮你把哪些数进行排序哦。

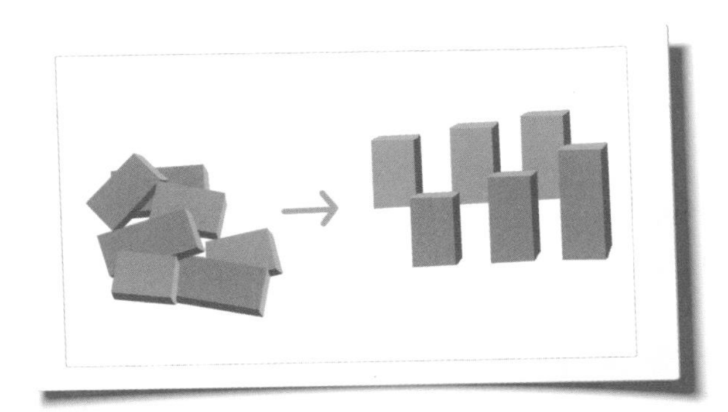

定义列表

美美 Python里面没有盒子呀。

聪聪 在Python编程的时候，这个“盒子”我们用中括号[ ]来表示。把所有的“积木”都放进这个“盒子”里，每个“积木”用英文输入法下的逗号隔开。以5、9、10、6、1这几个数为例，就应该像下面这样。

```
[5,9,10,6,1]
```

聪聪 然后，我们需要给这个盒子起一个名字，相当于定义一个变量。我们要排列数，可以把这个变量的名字叫作“数”的英文“Number”。把[5,9,10,6,1]赋予Number这个变量，中间用单个的等号来连接。

```
>>> Number=[5,9,10,6,1]
```

聪聪 这样的“盒子”，我们叫它列表。列表其实也是一种数据类型，可以把多个元素组合在一起。

排序

美美 现在我们有了这个列表了，接下来要怎么让Python排序呢？

聪聪 接下来需要用到一个sort ( )函数来解决问题。sort是“排序”的意思。我们要把上面定义的Number这个列表里面的数进行排序，所以代码是下面这样的。

```
Number.sort()
```

交给Python处理

交给Python吧，直接就处理好了。

看一看完整的编程代码

聪聪 完整的编程代码是这样的，蓝色的是排序的结果。

```
>>> Number=[5,9,10,6,1]
>>> Number.sort()
>>> Number
[1, 5, 6, 9, 10]
>>>
```

第9个任务 使用索引和随机函数

聪聪 还有一个特别有意思的例子，就是上课时老师点名。如果每个人的名字都点的话，很浪费时间，通过随机点名，会节省很多时间。那就要把每个学生的名字放到列表的“盒子”里面，也就是中括号“[ ]”里面。

美美 是这样吗？

[刘一,陈二,张三,李四,王五,赵六,孙七,周八,吴九,郑十]

聪聪 哈哈，这里你犯了一个小错误。你看，虽然我们上面排列数的时候，数是直接放进中括号的。但是，我们现在放进括号的是人名，Python对于人名是无法理解的，我们也不希望它去理解，只需要它按照我们输入的内容进行输出。所以，需要在每个名字外面加上引号哦，让它变成字符串类型。像下面这样。

```
['刘一','陈二','张三','李四','王五','赵六','孙七','周八','吴九','郑十']
```

美美 然后要把它定义成Number吗？

聪聪 虽然前面学习列表的时候，把列表赋予Number，但并不是所有列表都定义成数字的意思哟。这个列表的名字是我们根据内容起的，为了后期方便记忆，建议列表的名字还是和内容相关。在这个例子中，我们要做的是点名，列表里面都是人名，所以我们可以把这个列表赋予变量names。

```
names=['刘一','陈二','张三','李四','王五','赵六','孙七','周八','吴九','郑十']
```

美美 现在把列表定义好了，要怎么随机叫一个人名呢？

聪聪 其实，计算机也不知道你写的这些人名是什么意思，它只能判断它们的位置次序。就像学号一样，在它眼中，这些名字就是“排在第0个的、排在第1个的、……、排在第9个的”这样的意思。

美美 为什么是从第0个开始？

聪聪 Python里面默认从第0个开始。然后，使用一个叫random.randint ( )的函数。因为是从0开始，0也算一个位置，我们一共有10个人名，所以应该在括号里填(0,9)，可以理解为从0到9的意思。这个random.randint (0,9)函数就是，随机获得0～9的任何一个整数的意思。我们把随机取到的这个整数赋予变量a。

```
a= random.randint(0,9)
```

美美 这个函数好复杂，这样直接用就可以吗？

聪聪 不是的哦，random.randint ( )函数属于随机数模块库中的函数。我们前面提到过，使用模块库之前，需要让Python知道，要把模块库先引入进来。所以，第1行就要写一句引入模块库的句子。

```
import random
```

美美 这样就完成了吗？

聪聪 没有呢，你还没有告诉Python如何把结果显示出来呢。

美美 显示？就用print ( )函数吗？

聪聪 是的。现在，我们已经把随机抽取出来的数字赋予a。那么，要怎么把a的结果显示出来呢？你来试试吧。

美美 是这样写吗？

```
print (a)
```

聪聪 哈哈，我就知道你会这样写。别忘了，Python的计数默认是从第0个开始计算位置的。但是，生活中，我们给人编写序号是从1开始的。刘一，在Python眼中，它在第0位，但在我们眼中，他是学号1的同学。所以，显示的时候，我们要把a的结果加一个数字1，这样出来的效果更符合我们实际生活中的习惯。

美美 是这样吗？

```
print (a+1)
```

聪聪 已经很接近正确答案了。但是，如果坐在电脑前的同学看到的结果只是数字，他肯定不明白是什么意思，我们可以用一些中文来辅助显示。记得，要加引号，把中文变成字符串类型哦。

美美 是这样吗？

```
print(a+1,"号同学")
```

聪聪 对了。我们看看完整的代码吧。

```
import random
names=['刘一','陈二','张三','李四','王五','赵六','孙七','周八','吴九','郑十']
a= random.randint(0,9)
print(a+1,"号同学")
```

美美 屏幕显示的结果是什么？

聪聪 是这样：

```
9 号同学
```

聪聪 但是，你的电脑可能显示的不是“9号同学”哦，也许是“7号同学”，因为这个结果是随机显示。在这个例子中，我们无形中用到了索引的概念，通过索引找到列表中的元素。我们可以把“索引”理解为它在哪个位置。Python的索引标号是从0开始的。

第10个任务 循环结构

聪聪 我想把全班40名同学的名字都打印出来，一个一个的名字打印出来还能坚持。但是，如果让我们把全校4000名同学的名字都打印出来呢？不能一个一个打印了吧？

美美 太累了！

聪聪 所以，有一个简便方法，用循环结构。

for循环

聪聪 for循环是Python中比较常见的方式。

聪聪 我们习惯性用i来表示取值，而“范围”的英文是“range”。把它们代入进去，举一个例子，比如我想打印1～100的所有数，代码是这样的。

```
>>> for i in range(1,101,1):
    print(i,end=" ")
else:
    print(end='\n'"打印完毕")
```

画重点

for循环的格式如下。

for 取值 in 范围：

　循环体

else: 循环外的代码

聪聪 出来的效果如右下图所示，出现很多数字。

```
1  2  3  4  5  6  7  8  9  10  11  12
13  14  15  16  17  18  19  20  21  22
23  24  25  26  27  28  29  30  31  32
33  34  35  36  37  38  39  40  41  42
43  44  45  46  47  48  49  50  51  52
53  54  55  56  57  58  59  60  61  62
63  64  65  66  67  68  69  70  71  72
73  74  75  76  77  78  79  80  81  82
83  84  85  86  87  88  89  90  91  92
93  94  95  96  97  98  99  100
打印完毕
```

美美 我没看懂，是什么意思呀？

聪聪 上面代码中橘色的字符是循环结构的关键字，不能被别的字符替代。“i”为打印变量，可以用别的变量名替代，但是大家默认变量都用“i”。接下来，我们一句一句地来解释吧。

第1句

```
for i in range(1,101,1):
```

聪聪 range（ ）函数的括号里面需要填写的是循环的相关次数。对于（1,101,1），咱们从左到右来看。“1,101”可以理解为“1,100+1”，意思是循环100次。

美美 那循环20次呢?

聪聪 就是（1,20+1），写成（1,21）。注意，表达式中要多加一个1。

美美 （1,101,1）里面最后那个“1”是什么意思?

聪聪 代表对于前面这100次，希望系统一个一个地循环。

美美 那如果是（1,101,2），就是两个两个地循环了?

聪聪 没错。所以这整句话可以理解为，我们为了要取i这个变量的值，让它在1和100之间取值，循环往复地取100次。

第2句

```
print(i,end="  ")
```

聪聪 这句话可以理解为，如果符合上述条件，就把i这个变量的取值显示出来。

美美 end=" "是什么意思呢?

聪聪 因为打印出来的都是数字，如果它们挨着打印，你会分不清个位数、十位数、百位数。所以，我们想让显示结果中，每个数之间都有一个空格。那么如何表示空格呢?就用一个空格键按出来的空格表示，但计算机不识别这样的空格，我们就用引号把它转化成字符串数据类型，让它真的就是一个空格。所以就成了" "这个样子。

美美 然后把这个空格赋予end吗?

聪聪 没错。

美美 end是什么意思呢?

聪聪 end是“结束”的英文。意思就是说，每次打印完变量i的值以后，结束的时候以一个空格结束。然后这样反复100次，就会出现数、空格、数、空格……循环100次的效果。

第3句

```
else:
```

聪聪 这句是格式中的元素，意思就是“否则的话”。

美美 在这个例子里面是否则什么呢?

聪聪 意思就是，当循环100次结束以后，就是与它相反的一个结果了，需要第4句来补充这个结果。

第4句

```
print(end='\n'"打印完毕")
```

聪聪 既然循环100次都结束了，说明我们要让整个程序都结束。最后显示“打印完毕”4个字。

美美 把“打印完毕”这个字符串类型的数据赋予end。我明白了，但是前面怎么多了 '\n'?

聪聪 这个是换行的意思，我们希望“打印完毕”4个字不要挨着上面100个数出现，而是另外自成一行，所以前面加了这个。

美美 太好了，我学到了好多Python编程的知识，太好玩了！我现在可以自己编写一些程序了！

聪聪 你真棒。不过，用Python编写代码的时候需要注意的细节很多，刚刚上手如果不注意，会出现系统报错，所以你一定要认真仔细哦！

视频学习

扫描二维码，看视频学习这个技能！